3年生

こん虫と植

こん虫

モンシロチョウ

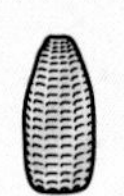

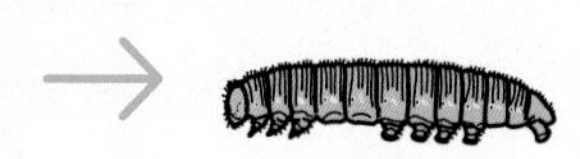

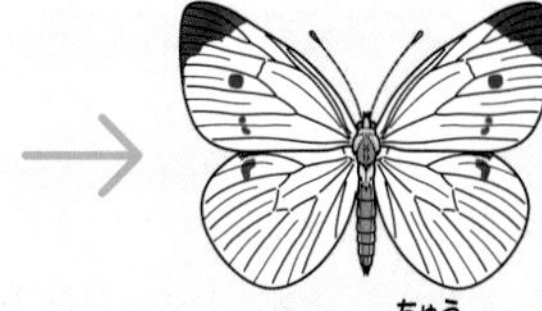

たまご　よう虫　さなぎ　せい虫

アゲハ

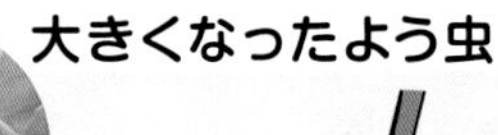

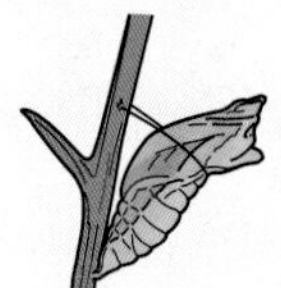

たまご　よう虫　さなぎ　せい虫

カブトムシ

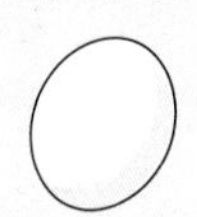

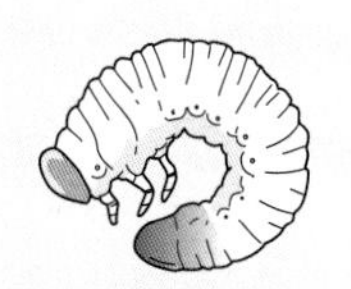

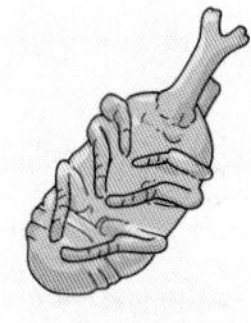

たまご　よう虫　さなぎ　せい虫

シオカラトンボ

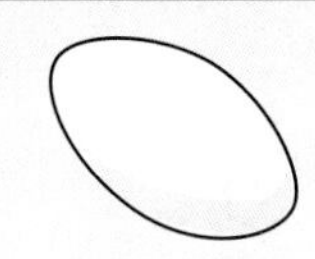

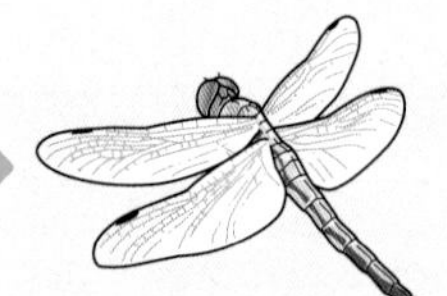

たまご　よう虫　せい虫

さなぎにならないこん虫もいるよ

ショウリョウバッタ

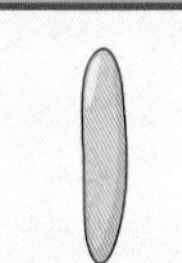

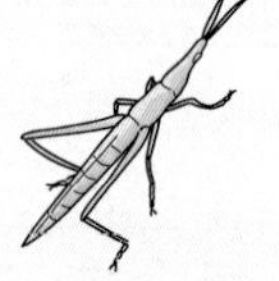

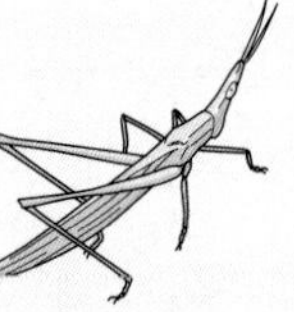

たまご　よう虫　せい虫

植物

木にさいている花

サクラ

野原にさいている花

アブラナ

シロツメクサ

タンポポ

ホトケノザ

ナズナ

花だんにさいている花

ヒマワリ

チューリップ

マリーゴールド

学ぶ人は、変えてゆく人だ。

目の前にある問題はもちろん、

人生の問いや、社会の課題を自ら見つけ、

挑み続けるために、人は学ぶ。

「学び」で、少しずつ世界は変えてゆける。

いつでも、どこでも、誰でも、

学ぶことができる世の中へ。

旺文社

このドリルの特長と使い方

このドリルは,「苦手をつくらない」ことを目的としたドリルです。単元ごとに「大事なことがらを理解するページ」と「問題を解くことをくりかえし練習するページ」をもうけて，段階的に問題の解き方を学ぶことができます。

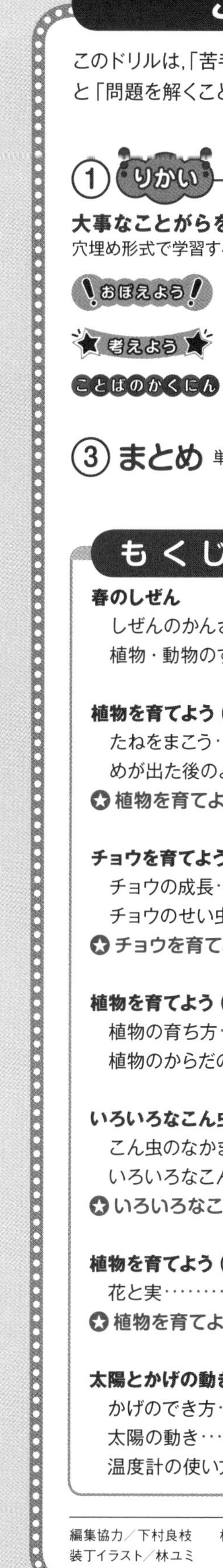

① りかい

大事なことがらを理解するページで，穴埋め形式で学習するようになっています。

おぼえよう　必ず覚える必要のあることがらや性質です。

考えよう　実験や現象などの説明です。

ことばのかくにん　大事な用語を載せています。

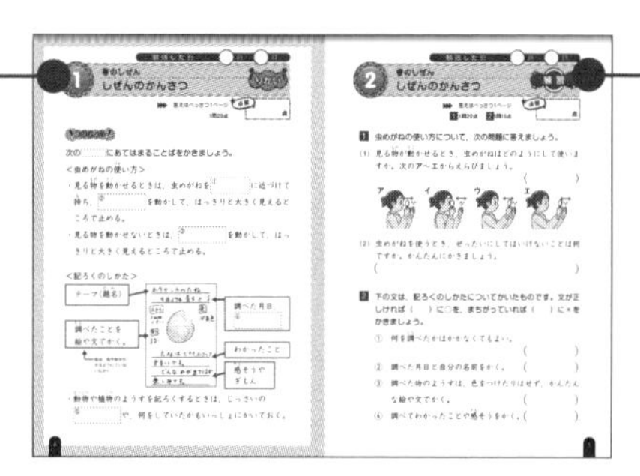

② 練習

「理解」で学習したことを身につけるために，問題を解くことでくりかえし練習するページです。「理解」で学習したことを思い出しながら問題を解いていきましょう。

少し難しい問題には ◇チャレンジ◇ がついています。

③ **まとめ** 単元の内容をとおして学べるまとめのページです。

もくじ

編集協力／下村良枝　校正／田中麻衣子・山崎真理　装丁デザイン／株式会社しろいろ
装丁イラスト／林ユミ　本文・ポスターデザイン／ハイ制作室 大滝奈緒子　本文イラスト／西村博子・長谷川 盟・㈲オフィスぴゅーま

3年生 達成表 理科名人への道！

ドリルが終わったら，番号のところに日付と点数をかいて，グラフをかこう。
80点を超えたら合格だ！

	日付	点数	50点 合格ライン 80点 100点	合格チェック
例	4/2	90		○
1				
2				
3				
4				
5				
6				
7				
8				
9				
10				
11				
12				
13				
14				
15				
16		全問正解で合格！		
17				
18				
19				
20				
21				
22				
23				

	日付	点数	50点 合格ライン 80点 100点	合格チェック
24				
25				
26		全問正解で合格！		
27				
28				
29				
30				
31		全問正解で合格！		
32				
33				
34				
35				
36				
37				
38				
39				
40				
41				
42				
43				
44				
45				
46				
47				

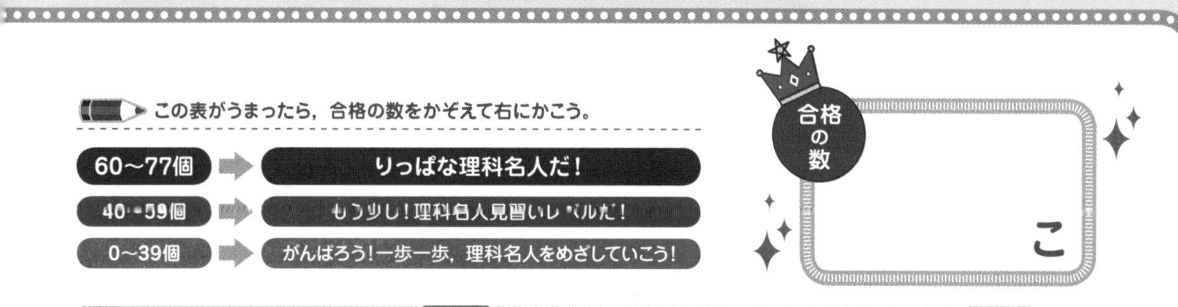

この表がうまったら，合格の数をかぞえて右にかこう。

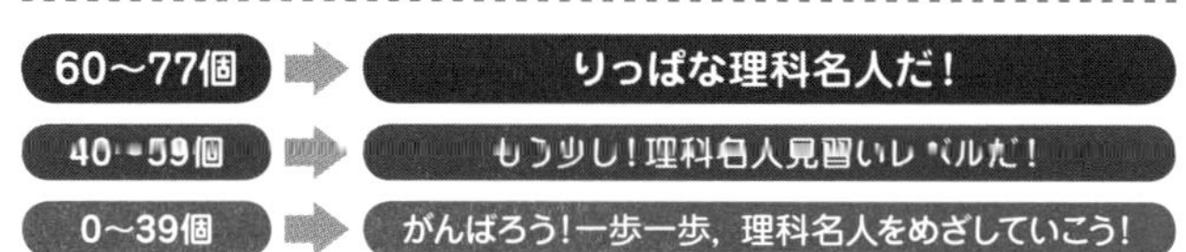

- 60～77個 → りっぱな理科名人だ！
- 40～59個 → もう少し！理科名人見習いレベルだ！
- 0～39個 → がんばろう！一歩一歩，理科名人をめざしていこう！

	日付	点数	50点　合格ライン80点　100点	合格チェック
48				
49				
50				
51		全問正解で合格！		
52				
53				
54				
55				
56				
57				
58				
59				
60				
61				
62				

	日付	点数	50点　合格ライン80点　100点	合格チェック
63				
64		全問正解で合格！		
65				
66				
67				
68				
69				
70		全問正解で合格！		
71				
72				
73				
74				
75				
76				
77				

春のしぜん

しぜんのかんさつ

▶▶▶ 答えはべっさつ1ページ

点数　　　点

1問20点

おぼえよう

次の［　　　］にあてはまることばをかきましょう。

＜虫めがねの使い方＞

・見る物を動かせるときは，虫めがねを［①　　　］に近づけて持ち，［②　　　］を動かして，はっきりと大きく見えるところで止める。

・見る物を動かせないときは，［③　　　］を動かして，はっきりと大きく見えるところで止める。

＜記ろくのしかた＞

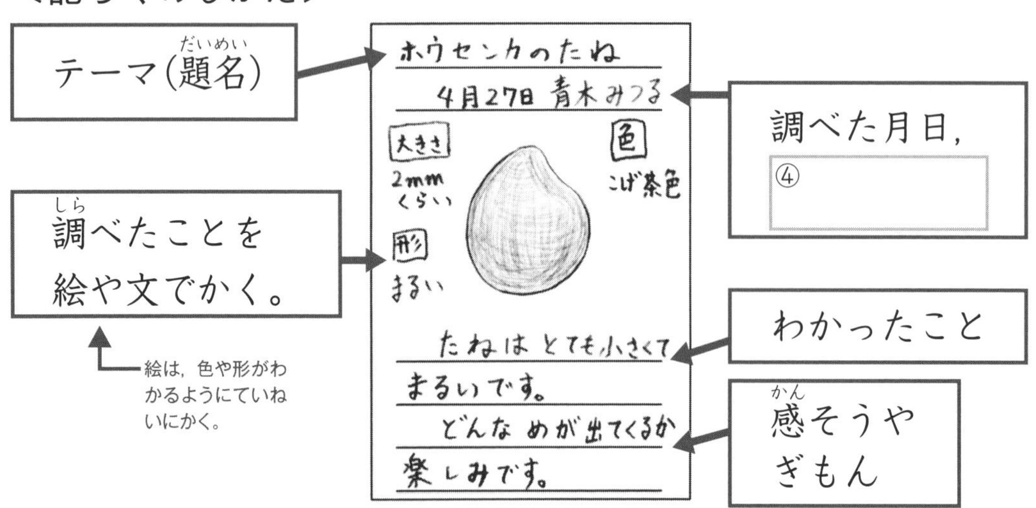

・動物や植物のようすを記ろくするときは，じっさいの［⑤　　　］や，何をしていたかもいっしょにかいておく。

春のしぜん

しぜんのかんさつ

1 1問20点　**2** 1問15点

1 虫めがねの使い方について，次の問題に答えましょう。

（1）見る物が動かせるとき，虫めがねはどのようにして使いますか。次の**ア**～**エ**からえらびましょう。

（　　　　）

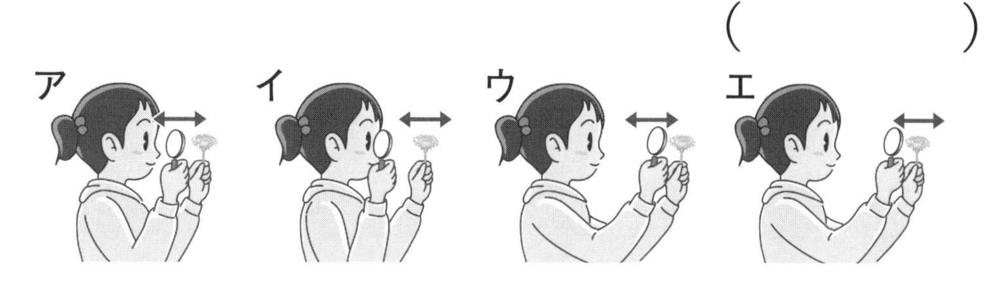

（2）虫めがねを使うとき，ぜったいにしてはいけないことは何ですか。かんたんにかきましょう。

（　　　　　　　　　　　　　　　　　　　　）

2 下の文は，記ろくのしかたについてかいたものです。文が正しければ（　　）に○を，まちがっていれば（　　）に×をかきましょう。

① 何を調べたかはかかなくてもよい。（　　　　）

② 調べた月日と自分の名前をかく。（　　　　）

③ 調べた物のようすは，色をつけたりはせず，かんたんな絵や文でかく。（　　　　）

④ 調べてわかったことや感そうをかく。（　　　　）

春のしぜん

植物・動物のすがた

答えはべっさつ1ページ

点数　　点

①～⑤：12点　⑥～⑨：10点

おぼえよう

春には，アブラナ，シロツメクサ，タンポポ，チューリップなどの花がさきます。次(つぎ)の□にあてはまる名前をえらんでかきましょう。

・学校の花だんでよく見られる植物(しょくぶつ)…①

・黄色の花がさく植物…②，③

④ ←赤色や白色の花がさくものもある。

・白色の花がさく植物…⑤

考えよう

春には，モンシロチョウ，ナナホシテントウ，クロオオアリ，ダンゴムシなどの動物(どうぶつ)を見ることができます。次の□にあてはまる名前をえらんでかきましょう。

・花のみつをすっている動物…⑥

・地面(じめん)の上で，えさを運(はこ)んでいる動物…⑦

・石の下にいる動物…⑧ ←くらいところをすみかにしている。

・カラスノエンドウなどにくっついていて，小さな虫を食べている動物…⑨ ←からだに7この黒い点があることから，こうよばれている。

勉強した日　　月　　日

春のしぜん

植物・動物のすがた

▶▶▶ 答えはべっさつ1ページ

1 1問15点　**2** (1) 15点　(2) (3) 1問20点

1 次のア～カの写真の中から，春に花がさく植物を3つえらびましょう。　(　　　　)(　　　　)(　　　　)

ア　タンポポ

イ　アジサイ

ウ　アサガオ

エ　ヒマワリ

オ　サクラ

カ　チューリップ

2 右の写真を見て，次の問題に答えましょう。

(1) この花は何ですか。次の**ア**～**ウ**からえらびましょう。　(　　　　)

ア　アブラナ　**イ**　ナズナ
ウ　シロツメクサ

(2) 写真で花にとまっている虫は何をしていますか。次の**ア**～**ウ**からえらびましょう。　(　　　　)

ア　小さな虫を食べている　**イ**　花のみつをすっている
ウ　花を食べている

(3) 次の**ア**～**ウ**のうち，写真の虫と同じように花によってくる動物はどれですか。　(　　　　)

ア　スズメ　**イ**　ダンゴムシ　**ウ**　ミツバチ

植物を育てよう（1）

たねをまこう

答えはべっさつ2ページ

①～③：10点　④～⑧：14点

おぼえよう

下の写真（しゃしん）は，ヒマワリ，ホウセンカ，マリーゴールドのたねです。　　　にあてはまる名前をかきましょう。

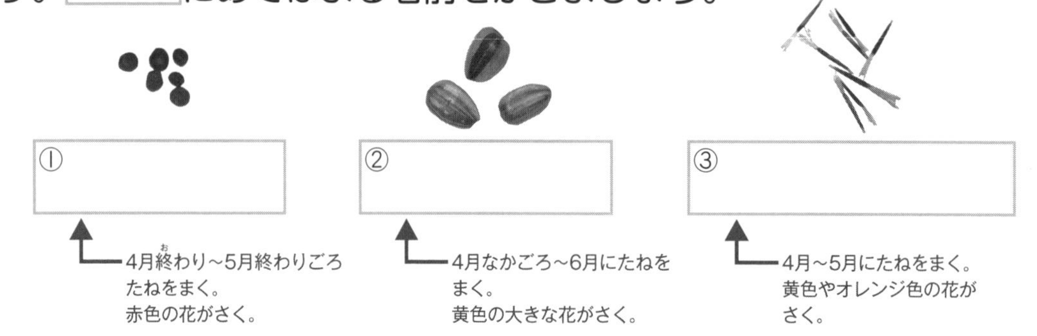

①

4月終（お）わり～5月終わりごろたねをまく。赤色の花がさく。

②

4月なかごろ～6月にたねをまく。黄色の大きな花がさく。

③

4月～5月にたねをまく。黄色やオレンジ色の花がさく。

考えよう

大きなたねのまき方について，次（つぎ）の　　　にあてはまることばをかきましょう。

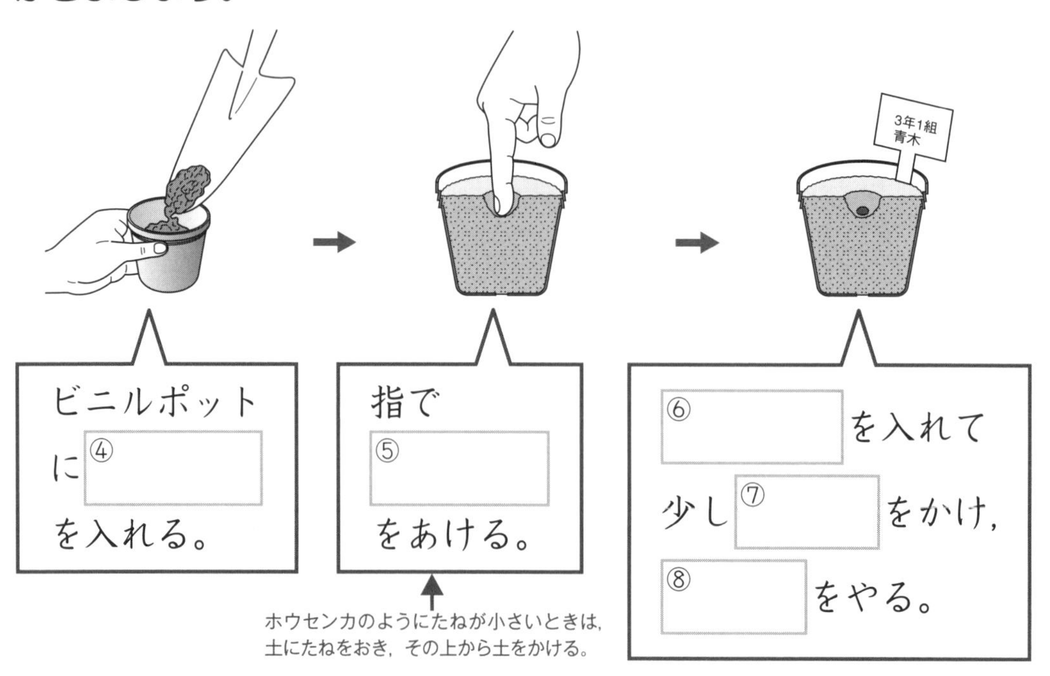

ビニルポットに④　　を入れる。

指で⑤　　をあける。

ホウセンカのようにたねが小さいときは，土にたねをおき，その上から土をかける。

⑥　　を入れて少し⑦　　をかけ，⑧　　をやる。

植物を育てよう (1)
たねをまこう

▶▶▶ 答えはべっさつ2ページ

(1) 全部できて60点　(2) (3) 1問20点

1 植物のたねと，たねのまき方について，次の問題に答えましょう。

(1) 下の写真は，ヒマワリ，マリーゴールド，ホウセンカの花とたねです。正しく線でむすびましょう。

(2) ヒマワリのたねのまき方として正しいものを，次の**ア**～**ウ**からえらびましょう。　(　　　)

ア

イ

ウ

(3) たねをまいた後，ときどき水をやるのはなぜですか。次の**ア**～**ウ**からえらびましょう。　(　　　)

ア　たねの上の土がふえないようにするため

イ　土をかたくするため

ウ　土がかわかないようにするため

植物を育てよう (1)

めが出た後のようす

▶▶▶ 答えはべっさつ2ページ

①〜③：10点　④〜⑦：15点　⑧：10点

おぼえよう

ホウセンカのたねをまいた後のようすについて，次(つぎ)の［　　］にあてはまることばをかきましょう。

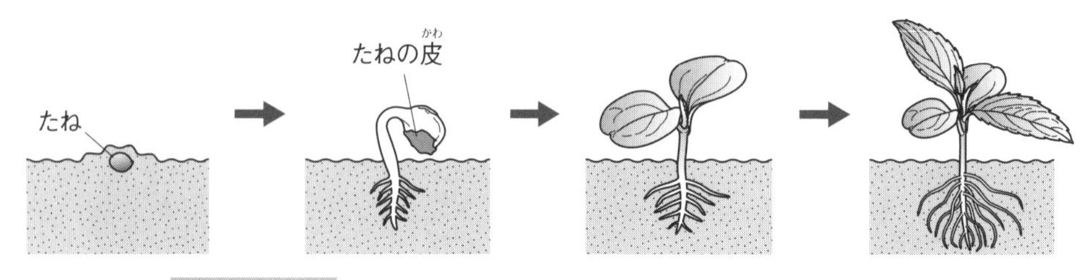

・たねから［①　　］が出てくる。 ← このことをめばえという。

・次に［②　　］という葉(は)が出てくる。 ← ホウセンカには2まいあり，丸い形をしている。

・その後，先がとがった［③　　］が出てくる。

↑ ②は黄緑色(きみどりいろ)だが，この葉は緑色をしている。

考えよう

右の図は，ヒマワリのたねをまいた後のようすをスケッチしたものです。［　　］にあてはまることばや数字をかきましょう。

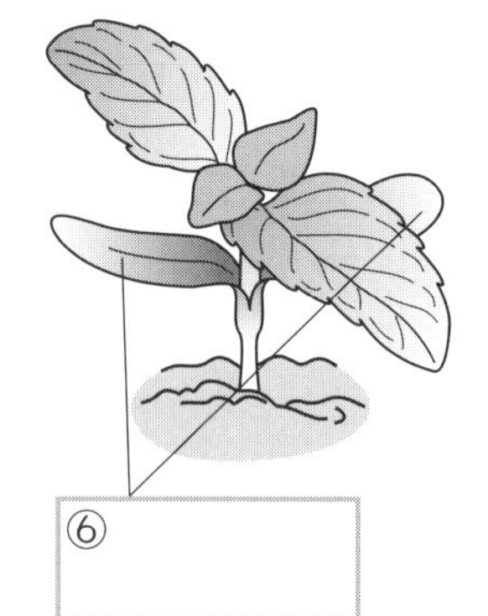

・ヒマワリの子葉(しよう)は［④　　］まいある。

・子葉と，その次に出てくる葉では，形や色が［⑤　　］。 ← 同じかちがうかで答える。

・このまま育(そだ)てると，葉の数がふえて，［⑦　　］がのびる。

ことばのかくにん

・［⑧　　］：たねからはじめに出てくる葉。

植物を育てよう（1）
めが出た後のようす

▶▶▶ 答えはべっさつ2ページ

1問20点

1 右の図は，ヒマワリのめが出た後のようすをスケッチしたものです。次の問題に答えましょう。

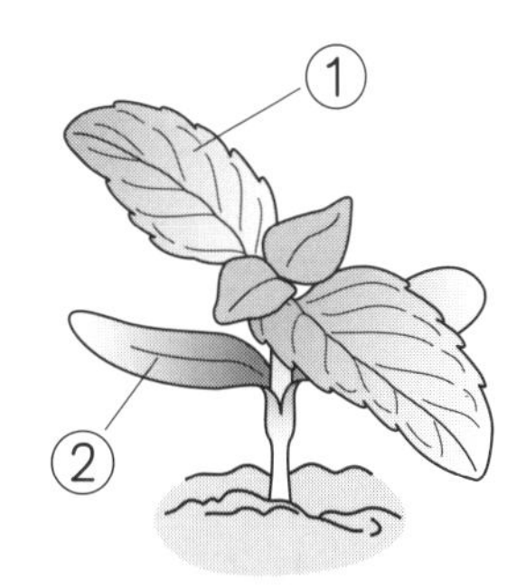

（1） ②の葉を何といいますか。

（　　　　　　　　）

（2） 先に出てくるのは，①と②のどちらの葉ですか。

（　　　　）

（3） これから数がふえるのは，①と②のどちらの葉ですか。

（　　　　）

（4） ヒマワリがかれないように育てるには，ときどき何をしますか。次の**ア**～**エ**からえらびましょう。 （　　　　）

ア　土をかためる。　　**イ**　土をふやす。
ウ　水をやる。　　**エ**　風をあてる。

（5） 植物の草たけ〔高さ〕のはかり方について正しいものを，次の**ア**～**ウ**からえらびましょう。 （　　　　）

ア　地面からいちばん下の葉のつけ根までの高さをはかる。
イ　地面からいちばん上の葉のつけ根までの高さをはかる。
ウ　いちばん下の葉からいちばん上の葉までの高さをはかる。

植物を育てよう (1) のまとめ

▶▶▶ 答えはべっさつ2ページ
答えはべっさつ2ページ

1問20点

1 ホウセンカのたねまきについて，次(つぎ)の問題(もんだい)に答えましょう。

(1) ホウセンカのたねは，春・夏・秋・冬のいつまくとよいですか。　（　　　　）

(2) ホウセンカのたねのまき方として正しいものを，次の**ア**～**ウ**からえらびましょう。　（　　　　）

ア　**イ**

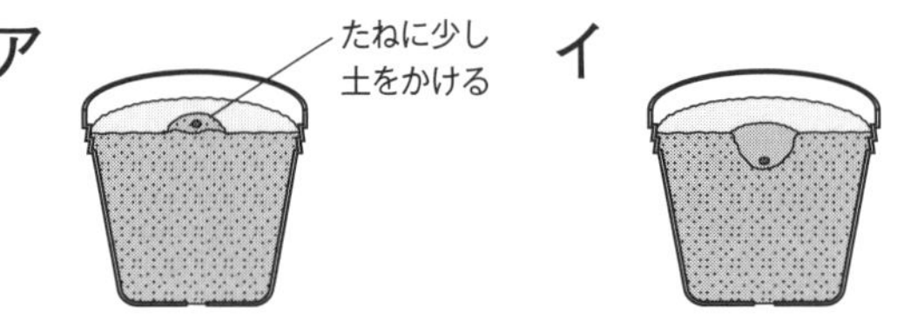

ウ

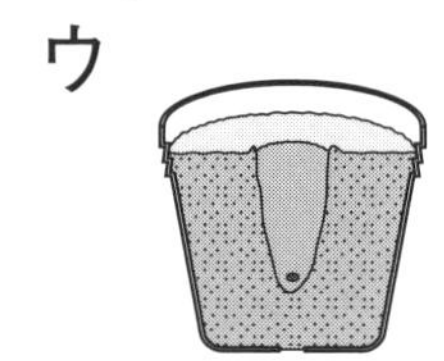

(3) ホウセンカのめばえのようすとして正しいものを，右の**ア**～**ウ**からえらびましょう。　（　　　　）

ア

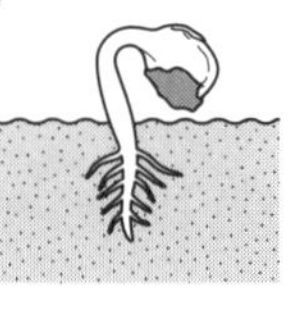

イ

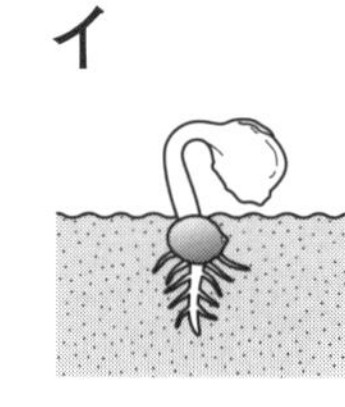

ウ

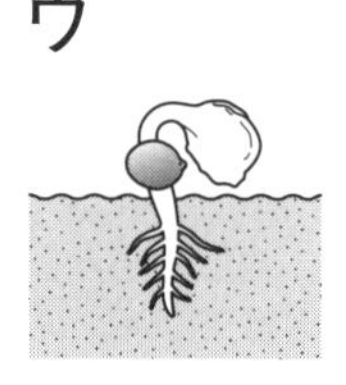

(4) たねをまいて，はじめに出てくる葉(は)を何といいますか。　（　　　　）

(5) ホウセンカの(4)の葉は何まいですか。　（　　　　まい）

チョウを育てよう

チョウの成長

答えはべっさつ2ページ

点数　　点

1問10点

おぼえよう

モンシロチョウの育(そだ)ち方について，次(つぎ)の[　　]にあてはまることばをかきましょう。

たまご…①[　　]の葉(は)のうらについているうすい黄色のつぶ。だんだんこい黄色になる。

↓

②[　　]…たまごからかえったあおむし。
はじめに③[　　]を食べる。
その後，④[　　]の葉を食べるようになり，からだが⑤[　　]色になる。
皮(かわ)をぬぐたびに，からだが⑥[　　]くなる。

↓

⑦[　　]…からだに糸をかけて動(うご)かなくなる。
この間は，何も食べない。

↓

⑧[　　]…さなぎになって２週間(しゅうかん)ぐらいたつと出てくる。

考えよう

モンシロチョウのたまごやよう虫(ちゅう)のかい方について，次の[　　]にあてはまることばをかきましょう。

・ふたには⑨[　　]を開(あ)けておく。←いきができるようにするため。

・毎日新しい⑩[　　]の葉をあたえる。

チョウを育てよう

チョウの成長

▶▶▶ 答えはべっさつ3ページ

1問25点

1 モンシロチョウのたまごと，たまごからかえったよう虫(ちゅう)について，次(つぎ)の問題(もんだい)に答えましょう。

(1) モンシロチョウは，どこにたまごをうみつけますか。次の**ア～ウ**からえらびましょう。　　　（　　　　）

ア　ミカンの葉(は)　　**イ**　クワの葉　　**ウ**　キャベツの葉

(2) 次の**ア～エ**の中から，モンシロチョウのたまごをえらびましょう。　　　（　　　　）

ア　　　　**イ**　　　　**ウ**　　　　**エ**

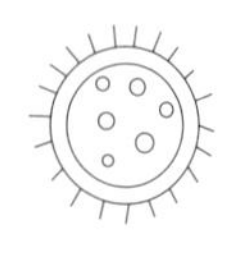
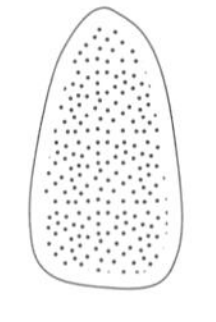
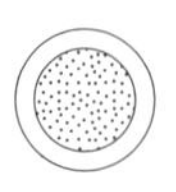
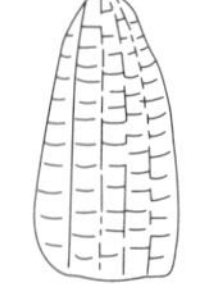

(3) よう虫は，どのようにして大きくなりますか。

（　　　　　　　　　　）大きくなる。

◇チャレンジ◇

(4) 右の図は，よう虫をかうための入れ物(もの)です。図には，１かしょまちがっているところがあります。どこを，どのように直せばよいですか。

（　　　　　　　　　　　　　　　　　　　）

チョウを育てよう

チョウの成長

▶▶▶ 答えはべっさつ3ページ

点数　　点

1問25点

1 モンシロチョウのよう虫(ちゅう)は，せい虫(ちゅう)になる前に，右の図のようなものになります。次(つぎ)の問題(もんだい)に答えましょう。

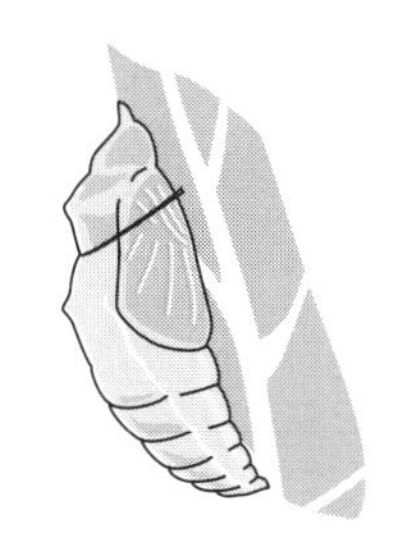

(1) 右の図のようなものを何といいますか。
(　　　　　　)

(2) (1)のときのようすについて正しいものを，次の**ア**～**エ**からえらびましょう。 (　　　)

ア 動(うご)かず，何も食べない。
イ 動かないが，葉(は)を食べる。
ウ 動くが，何も食べない。
エ 動いて，葉を食べる。

(3) (1)から出てきたばかりのせい虫はしばらくの間じっとしています。この間に，せい虫のはねはどのようになりますか。次の**ア**と**イ**からえらびましょう。 (　　　)

ア のびる　　**イ** ちぢむ

(4) 次の**ア**～**エ**を，モンシロチョウが育(そだ)っていくじゅんにならべましょう。
(　　→　　→　　→　　)

ア せい虫　　**イ** たまご　　**ウ** さなぎ　　**エ** よう虫

チョウを育てよう

チョウのせい虫を調べよう

答えはべっさつ3ページ

点数　　点

①～⑥：5点　⑦～⑬：10点

おぼえよう

下の図は，モンシロチョウのからだのつくりをあらわしています。＿＿にあてはまることばをかきましょう。

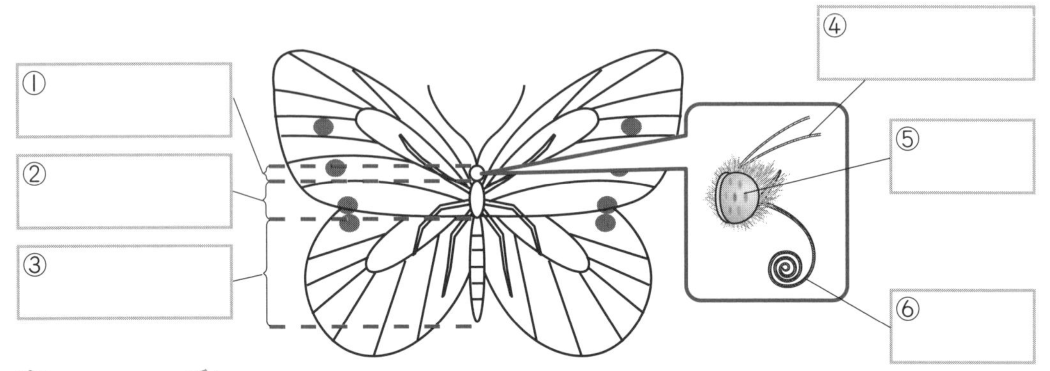

考えよう

＿＿にあてはまることばや数字をかきましょう。

・モンシロチョウなどのチョウのからだは，⑦＿＿，⑧＿＿，⑨＿＿の3つの部分（ぶぶん）に分かれている。

・あしは⑩＿＿本，はねは⑪＿＿まいある。

・あしやはねは，⑫＿＿の部分についている。

ことばのかくにん

・⑬＿＿：からだが，頭（あたま）・むね・はらからできていて，むねに６本のあしがある動物（どうぶつ）。

チョウを育てよう

チョウのせい虫を調べよう

▶▶▶ 答えはべっさつ3ページ

(1)～(4) 1問20点　(5) 1問10点

1 モンシロチョウのからだのつくりについて，次(つぎ)の問題(もんだい)に答えましょう。

(1) モンシロチョウのからだのつくりを正しくあらわしているものを，次の**ア**～**ウ**からえらびましょう。ただし，あしはかいてありません。　（　　　）

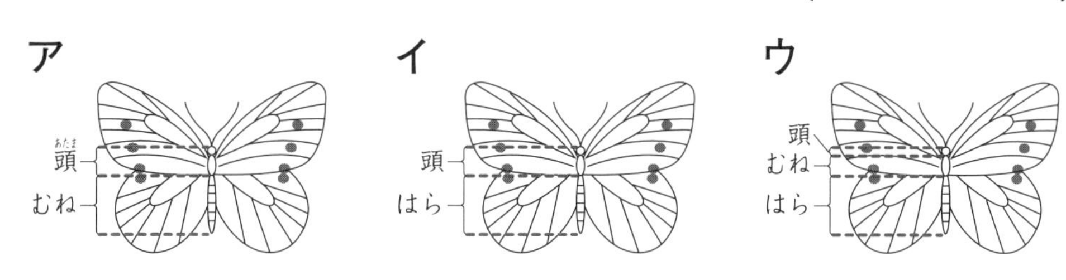

(2) あしは，からだの何という部分(ぶぶん)についていますか。
（　　　　　）

(3) あしは，何本ありますか。　（　　　本）

(4) モンシロチョウのようなからだのつくりをしたなかまを何といいますか。　（　　　　　）

(5) モンシロチョウにも，わたしたちの目や耳のように，まわりのようすを感(かん)じとる部分があります。それは何というところですか。２つかきましょう。
（　　　　　）（　　　　　）

勉強した日　　月　　日

15 チョウを育てようのまとめ

▶▶▶ 答えはべっさつ3ページ

(1) 全部できて60点　(2) (3) 1問20点

1 モンシロチョウとアゲハについて，次の問題に答えましょう。

(1) モンシロチョウとアゲハのたまご，よう虫，さなぎ，食べ物をそれぞれ正しく線でむすびましょう。

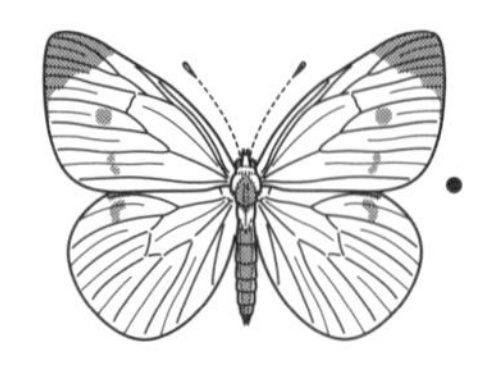

モンシロチョウ

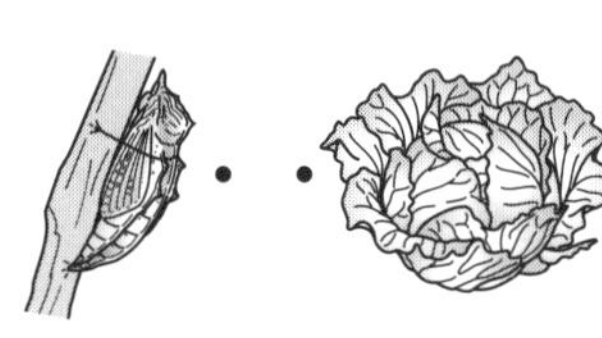

キャベツ

アゲハ

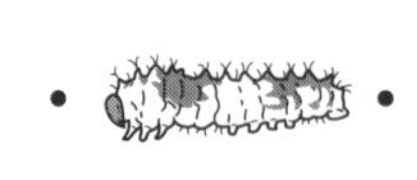

ミカン

(2) アゲハのせい虫の食べ物は何ですか。次の**ア**～**エ**からえらびましょう。　(　　　)

ア　ほかの虫　　**イ**　植物の葉　　**ウ**　花のみつ

エ　何も食べない

(3) モンシロチョウとアゲハは，同じからだのつくりをしています。右の図に，アゲハのあしをかきましょう。

勉強した日　　月　　日

16

チョウを育てようのまとめ

ゴールをめざせ！

▶▶▶答えはべっさつ4ページ

モンシロチョウが育っていくじゅんにたどって
ゴールをめざしましょう。
（ななめにはすすめません。）

植物を育てよう（2）
植物の育ち方

答えはべっさつ4ページ

①②：20点　③～⑥：15点

おぼえよう

植物の植えかえについて，次の□にあてはまることばをかきましょう。

・ホウセンカは，①□が4～6まいくらいになったら，花だんやプランターに植えかえる。

・植えかえをする1週間ぐらい前に土をたがやし，②□を入れておく。

考えよう

春にたねをまいたホウセンカが大きく育ちました。□にあてはまることばをかきましょう。

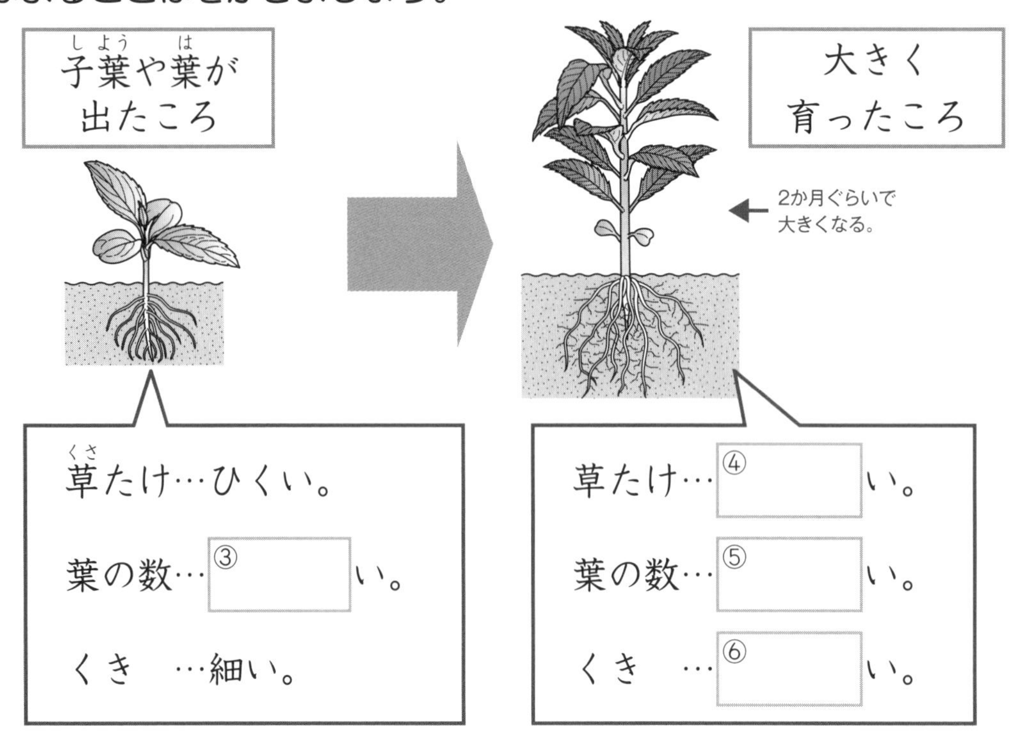

植物を育てよう（2）
植物の育ち方

▶▶▶ 答えはべっさつ4ページ

1問25点

1 ホウセンカの育(そだ)ち方について，次(つぎ)の問題(もんだい)に答えましょう。

（1） 次の**ア**～**エ**を，ホウセンカが育つじゅんにならべましょう。

（　　　→　　　→　　　→　　　）

ア　　**イ**　　**ウ**　　**エ**

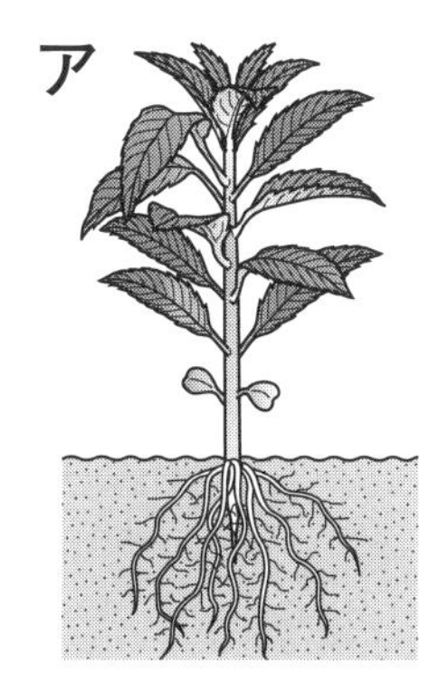

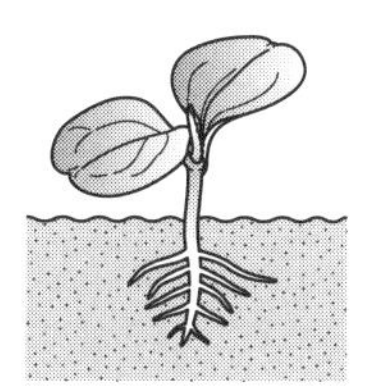

（2） たねからはじめに出てくる葉(は)を何といいますか。

（　　　　　　　）

（3） (2)の葉は，ホウセンカが大きくなるとどうなりますか。
次の**ア**～**ウ**からえらびましょう。（　　　）

ア　数がふえる。

イ　大きさが大きくなる。

ウ　数も大きさもかわらず，かれてしまう。

（4） ビニルポットで育てたホウセンカを花だんやプランターに植(う)えかえるのは，葉が何まいぐらいになったときですか。
次の**ア**～**ウ**からえらびましょう。（　　　）

ア　1～3まい　　**イ**　4～6まい　　**ウ**　7～9まい

植物を育てよう（2）

植物のからだのつくり

▶▶▶ 答えはべっさつ4ページ

1問10点

おぼえよう

下の図は，ホウセンカとヒマワリのからだのつくりをあらわしています。□にあてはまることばをかきましょう。

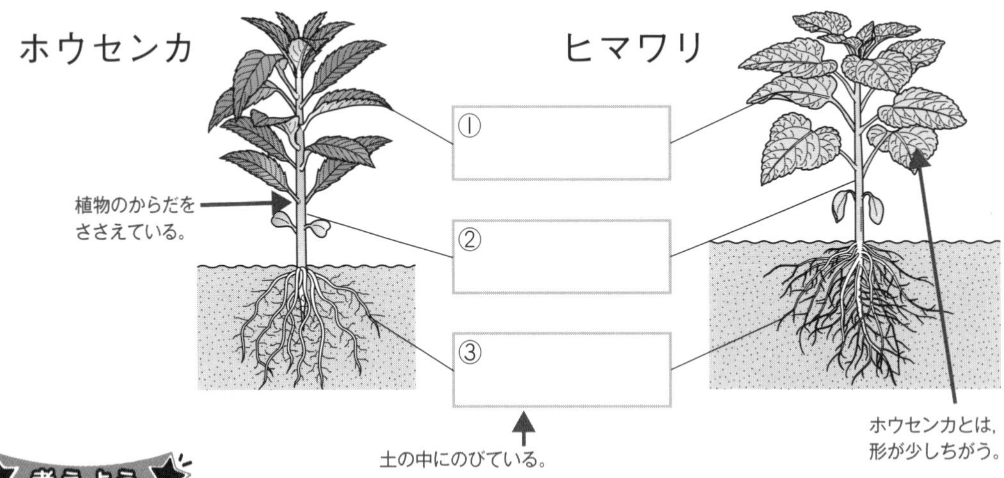

考えよう

次の□にあてはまることばをかきましょう。

・ホウセンカも，ヒマワリも，からだが④□と⑤□と⑥□からできている。

・⑦□はくきについていて，⑧□はくきの下にある。

・葉や根の形は，植物によって⑨□。（← 同じかちがうかで答える。）

・どの植物のからだも，つくりは⑩□。（← 同じかちがうかで答える。）

植物を育てよう (2)
植物のからだのつくり

▶▶▶ 答えはべっさつ5ページ

★点数★　　点

(1) 1問15点　(2) 20点　(3) 全部できて20点　(4) 15点

1 右の図は，ホウセンカのからだのつくりについて調べたものです。次の問題に答えましょう。

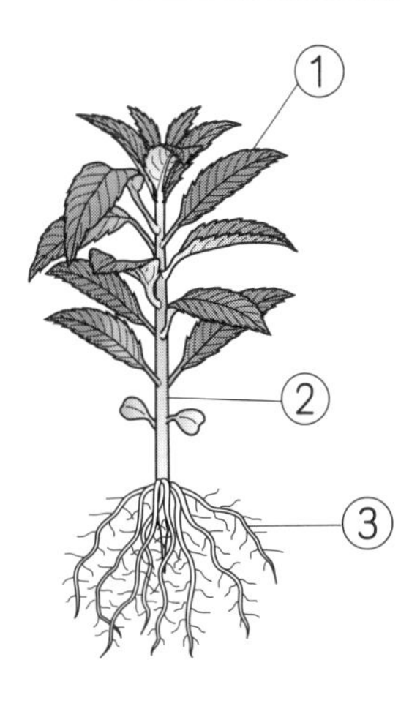

(1) ①，②，③の部分を何といいますか。それぞれかきましょう。

① (　　　　　　　　)

② (　　　　　　　　)

③ (　　　　　　　　)

(2) ふつう，土の中にあるのは，①～③のどれですか。1つえらびましょう。 (　　　　)

(3) ツユクサやナズナにもあるのは，①～③のどれですか。すべてえらびましょう。 (　　　　　　　　)

(4) ホウセンカを上から見たとき，葉はどのようになっていると考えられますか。次の**ア**～**ウ**からえらびましょう。 (　　　　)

ア

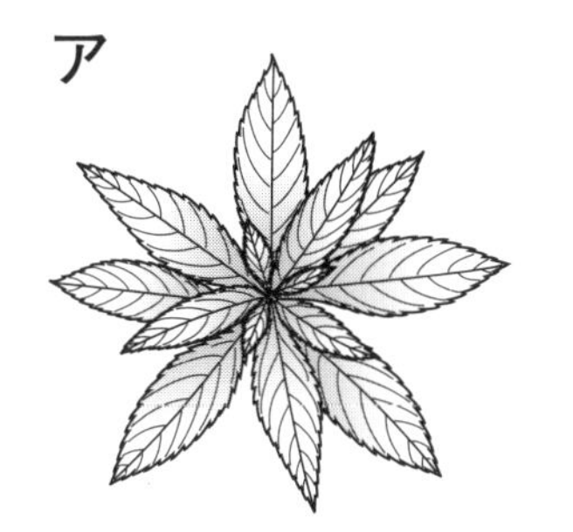

イ

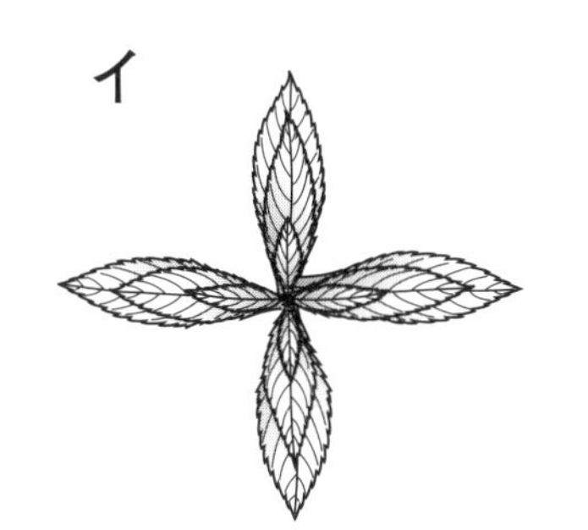

ウ

いろいろなこん虫

こん虫のなかまをさがそう

▶▶▶ 答えはべっさつ5ページ

点数　　　点

1問10点

おぼえよう

次の□にあてはまることばや数字をかきましょう。

・からだが，①□，②□，③□からできていて，④□にあしが⑤□本ついている動物を，こん虫という。

・むねに，4まいの⑥□がついているこん虫が多い。
（ハエのように2まいしかないこん虫やアリのようにもたないこん虫もいる。）

・こん虫のからだの形や食べ物やすみかは，しゅるいによって⑦□。
（← 野原，林の中，水の中など，いろいろである。）

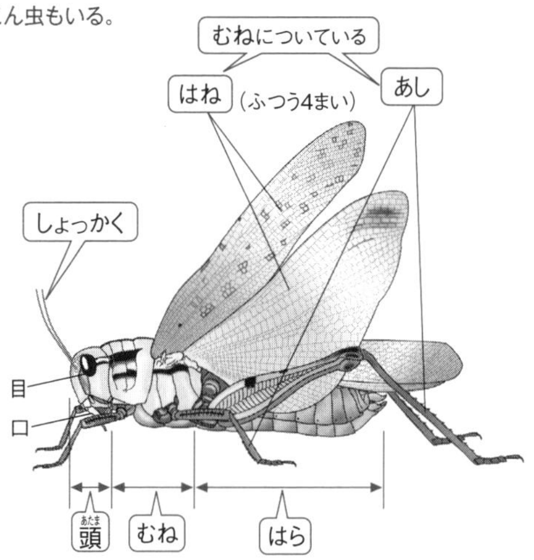

考えよう

右の図は，アリのからだのつくりをあらわしています。□にあてはまることばをかきましょう。

・アリには，⑧□がないが，アリも⑨□のなかまである。
（チョウやトンボには4まいある。）

・アリのすみかは，⑩□の中である。

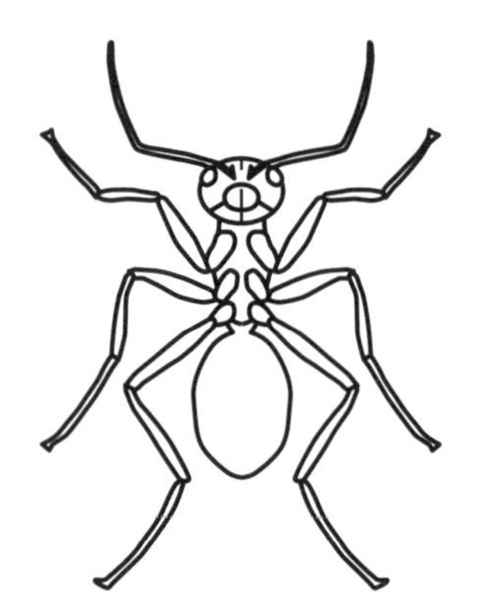

いろいろなこん虫

こん虫のなかまをさがそう

▶▶▶ 答えはべっさつ5ページ

点数　　点

(1) 15点　(2) 1問15点　(3) 1問15点　(4) 全部できて10点

1 右の図は，トンボのからだのつくりをあらわしています。次(つぎ)の問題(もんだい)に答えましょう。

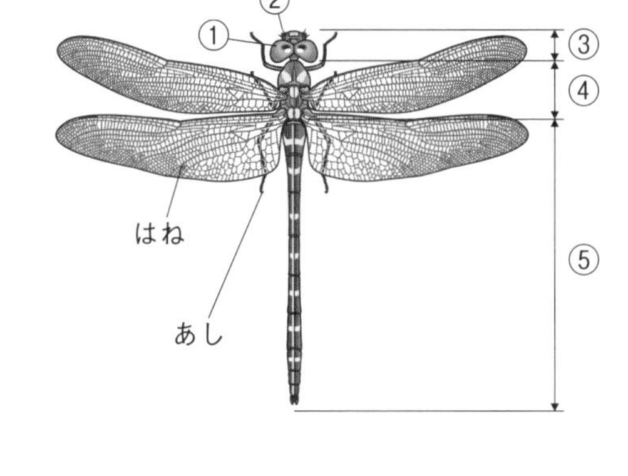

(1) トンボのせい虫(ちゅう)は，どのような場所(ばしょ)で見られますか。次の**ア**～**エ**からえらびましょう。

(　　　　)

ア　林の中　　**イ**　野原　　**ウ**　水の中　　**エ**　土の中

(2) ①，②の部分(ぶぶん)を何といいますか。

①(　　　　)　②(　　　　)

(3) トンボのからだは，３つの部分に分かれています。③～⑤の部分を何といいますか。

③(　　　)　④(　　　)　⑤(　　　)

(4) 次の**ア**～**エ**のうち，こん虫ではないものをすべてえらびましょう。

(　　　　)

ア　クモ　　**イ**　ハチ　　**ウ**　アリ　　**エ**　ダンゴムシ

勉強した日　　月　　日

いろいろなこん虫
いろいろなこん虫の一生

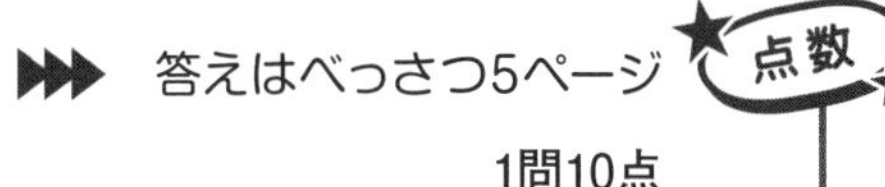

答えはべっさつ5ページ

点数　　点

1問10点

おぼえよう！

次の□にあてはまることばをかきましょう。

・モンシロチョウやカブトムシは，

①□ → ②□ → ③□ → せい虫

のじゅんに育つ。

・トンボやバッタは，

④□ → ⑤□ → せい虫　のじゅんに育つ。

・こん虫には，⑥□になるものとならないものがいる。

考えよう

右の図は，トンボのよう虫をかうときの入れ物です。かい方について，□にあてはまることばをかきましょう。

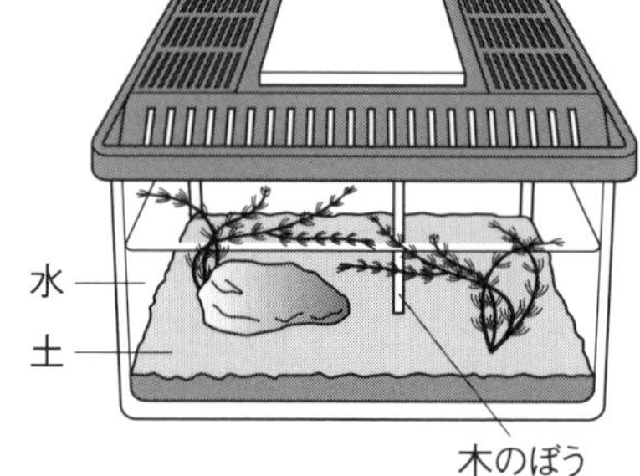

・トンボのよう虫は，⑦□の中をすみかにしているので，水そうの中には土と水を入れる。

・入れ物の中に入れる⑧□（やご）の数は，１～２ひきぐらいにする。←たくさん入れるとよくない。

・えさには，⑨□や⑩□などをあたえる。

いろいろなこん虫

いろいろなこん虫の一生

▶▶▶ 答えはべっさつ5ページ

(1) 1問15点　(2) 15点　(3) 20点　(4) 全部できて20点

1 下の図は，トンボの一生をあらわしたものです。次の問題に答えましょう。

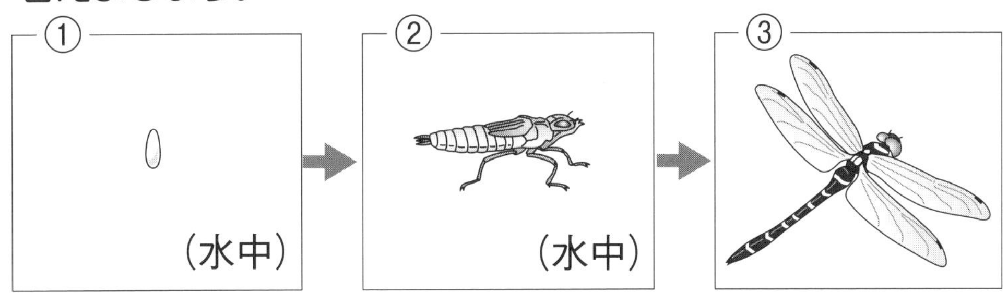

(1) ①～③にあてはまることばを，次の**ア**～**エ**からそれぞれえらびましょう。

①（　　　　）②（　　　　）③（　　　　）

ア　よう虫　**イ**　せい虫　**ウ**　さなぎ　**エ**　たまご

(2) トンボは，どこにたまごをうみますか。（　　　　）

(3) トンボのよう虫を何といいますか。（　　　　）

(4) 次の**ア**～**エ**の生き物のうち，トンボと同じじゅんで一生をおくるのはどれですか。すべてえらびましょう。

ア

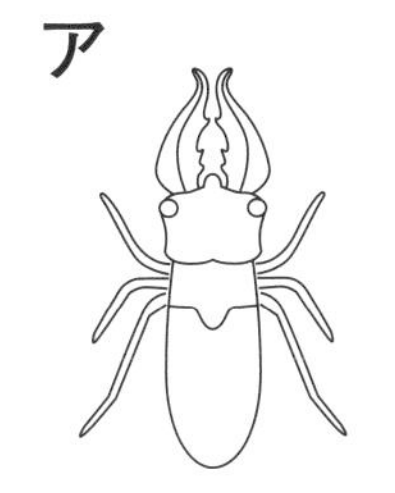

イ

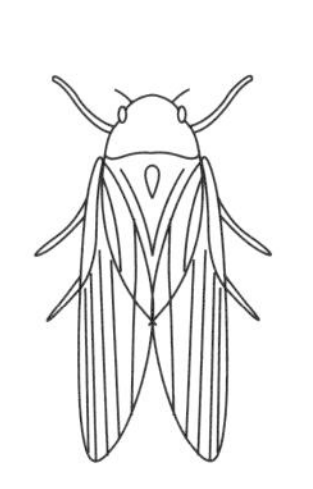

ウ

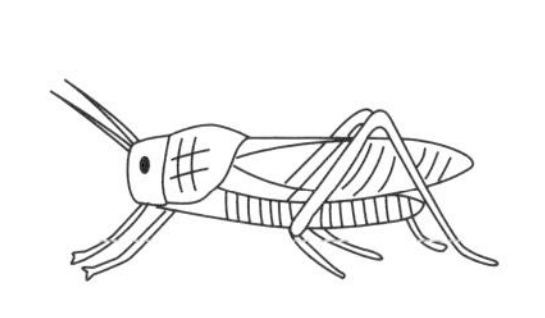

エ

勉強した日  月　日

いろいろなこん虫のまとめ

▶▶▶ 答えはべっさつ6ページ

(1) 全部できて25点　(2) 全部できて25点　(3) 1問25点

1 次の①～⑥は，野原や林の中で見つけた生き物です。下の問題に答えましょう。

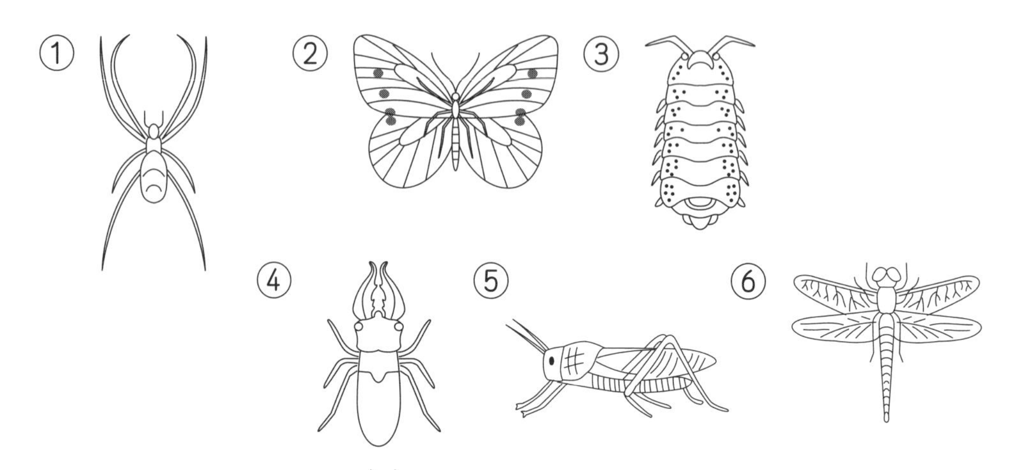

(1) ①～⑥の中で，こん虫のなかまではない生き物はどれですか。すべてえらびましょう。(　　　　　　)

(2) ①～⑥の中で，たまご→よう虫→さなぎ→せい虫のじゅんに育つこん虫はどれですか。すべてえらびましょう。

(　　　　　　)

(3) ④，⑥は，どこで見つけた生き物ですか。次の**ア**～**オ**からそれぞれえらびましょう。

④ (　　　　)　⑥ (　　　　)

ア　林の中　　**イ**　石の下　　**ウ**　野原

エ　水の中　　**オ**　土の中

いろいろなこん虫のまとめ

ぬり絵ゲーム

▶▶▶答えはべっさつ6ページ

こん虫(ちゅう)のなかまをさがして，色をぬりましょう。
どんな絵が出てくるかな？

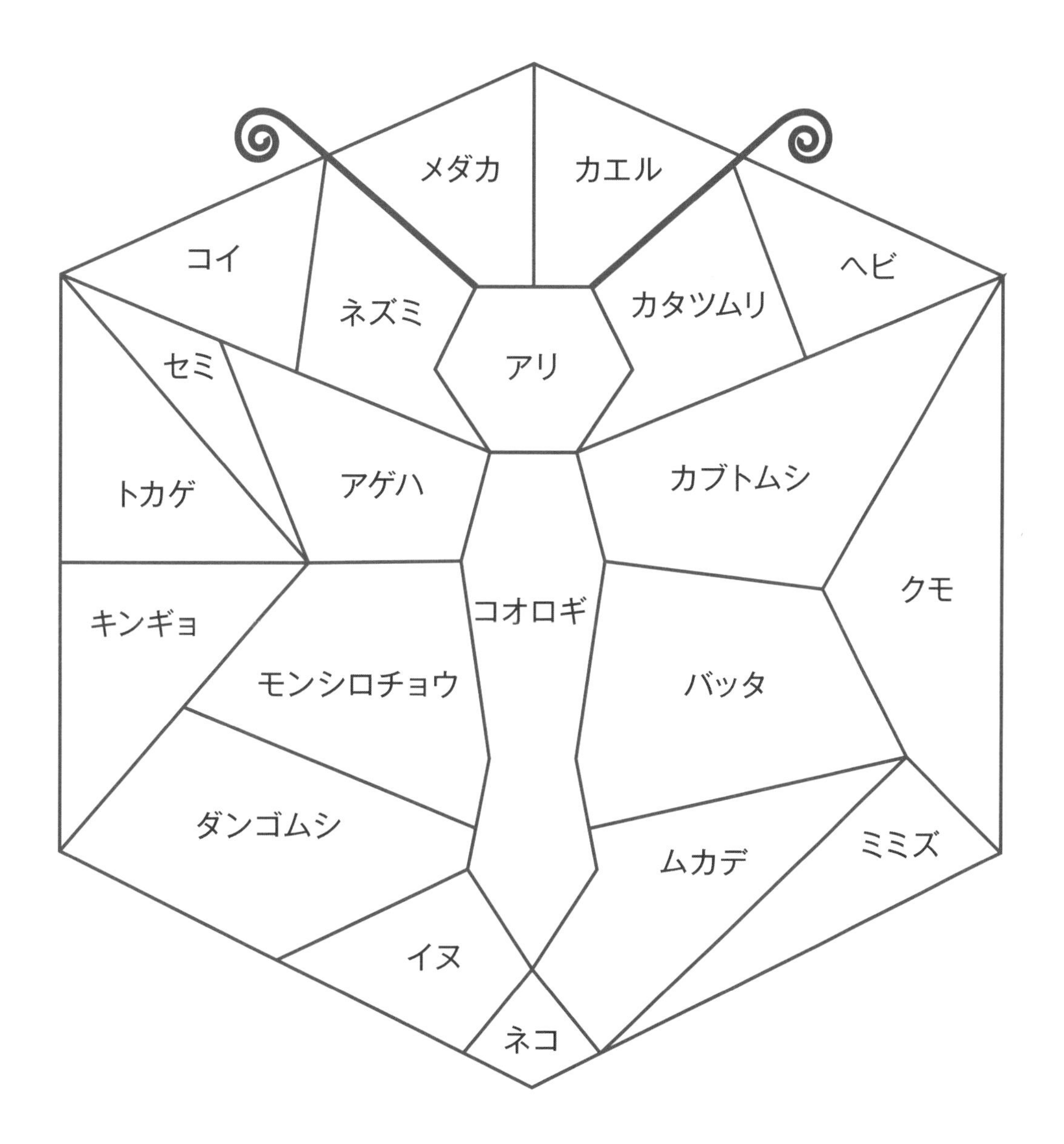

植物を育てよう（3）

花と実

答えはべっさつ6ページ

点数　　点

①～③：20点　④～⑦：10点

おぼえよう

大きく育(そだ)ったホウセンカに，花がさいて，実(み)ができました。

［　　］にあてはまることばをかきましょう。

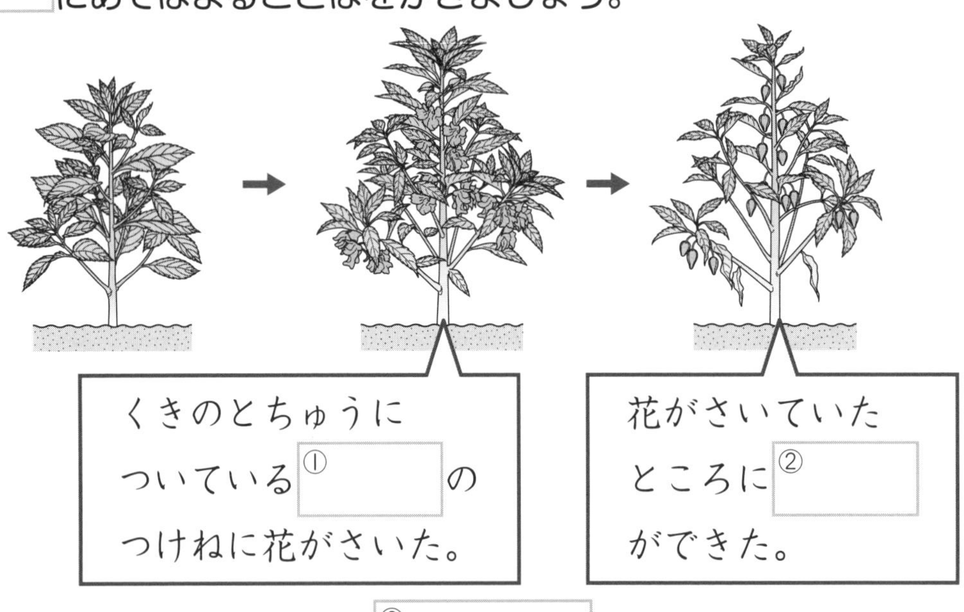

くきのとちゅうについている①［　　］のつけねに花がさいた。

花がさいていたところに②［　　］ができた。

・実の中には，たくさんの③［　　］が入っている。

これをまくと，また新しいめが出る。

考えよう

ヒマワリの一生をまとめましょう。

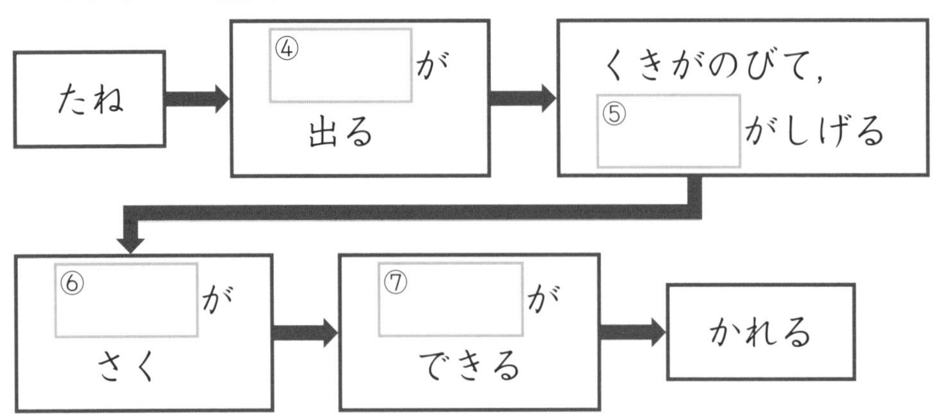

たね → ④［　　］が出る → くきがのびて，⑤［　　］がしげる → ⑥［　　］がさく → ⑦［　　］ができる → かれる

植物を育てよう (3)

花と実

答えはべっさつ6ページ

1 全部できて60点　2 1問20点

1 次のつぼみと花と植物の名前を，正しく線でむすびましょう。

つぼみ

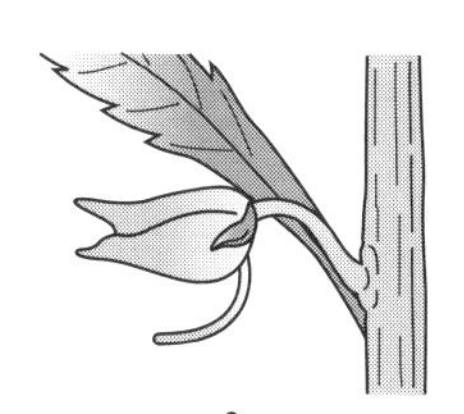

花

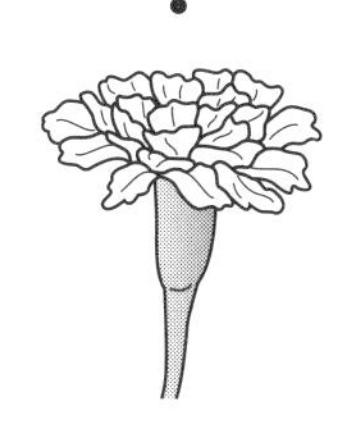

植物の名前

ホウセンカ　　ヒマワリ　　マリーゴールド

2 ヒマワリについて，次の問題に答えましょう。

(1) ヒマワリの実は，どこにできますか。次の**ア**～**ウ**からえらびましょう。（　　　）

ア　葉がついていたところ

イ　花がさいていたところ

ウ　根がついていたところ

(2) 実には，何が入っていますか。次の年の春には，ここからめが出ます。（　　　）

植物を育てよう (3)

花と実

▶▶▶ 答えはべっさつ7ページ

1問20点

1 下の図は，ホウセンカの一生をあらわしたものです。次(つぎ)の問題(もんだい)に答えましょう。

ア

イ

ウ

エ

(1) 上の**ア～エ**を，育(そだ)つじゅんにならべましょう。

(→ → →)

(2) 実(み)ができた後，ホウセンカはどうなりますか。

( )

(3) １つの実の中に，たねはどれぐらい入っていますか。次の**ア**，**イ**からえらびましょう。 ( )

ア １つ **イ** たくさん

(4) できたたねを次の年の春にまくと，春にまいたたねと同じようにめを出しますか，出しませんか。

( )

(5) できたたねを１つまくと，ホウセンカは何本できますか。

(本)

30 植物を育てよう (3) のまとめ

答えはべっさつ7ページ

(1) 1問20点　(2) 20点

点数　点

1 下の①～④は，たねをまいてから実(み)ができるまでのホウセンカの記ろくカードです。次(つぎ)の問題(もんだい)に答えましょう。

①

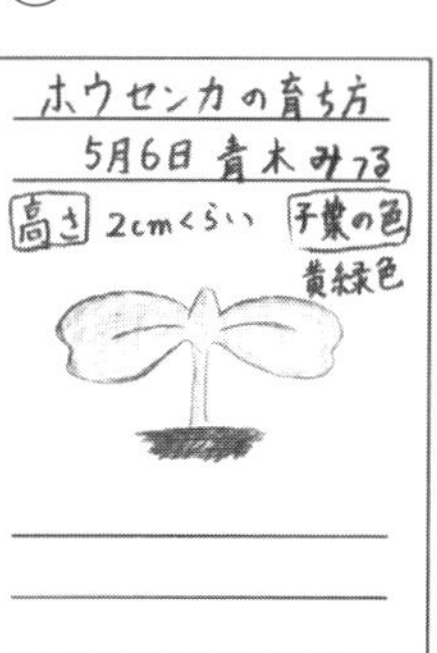

②

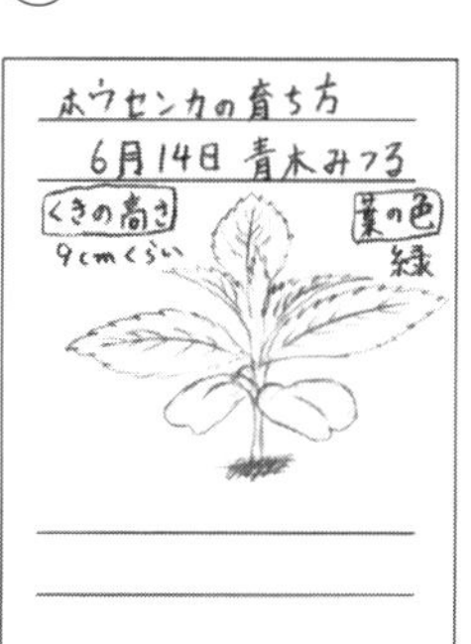

③

④

ホウセンカの育ち方
9月14日 青木みつる
実
白い毛がある。
葉
かれてきた。
くきの高さ
60cm

(1) 上の記ろくカードには，感(かん)そうや気づいたことがかかれていません。それぞれのカードに，もっともあてはまる文を，次の**ア**～**エ**からえらびましょう。

①（　　　）　②（　　　）
③（　　　）　④（　　　）

ア　めが出て，２まいの丸い形をした子葉(しよう)が出た。
イ　花がたくさんさいた。毎日水やりをしてよかった。
ウ　だんだん葉(は)の数がふえてきた。葉はぎざぎざしている。
エ　実ができた。さわるとはじけてたねが出てきた。

(2) できたたねは，春・夏・秋・冬のいつまくのがよいですか。
（　　　）

植物を育てよう（3）のまとめ

ゴールの花は？

▶▶▶ 答えはべっさつ7ページ

問題の答えの方に進みましょう。
ゴールにあるのはどの花かな？

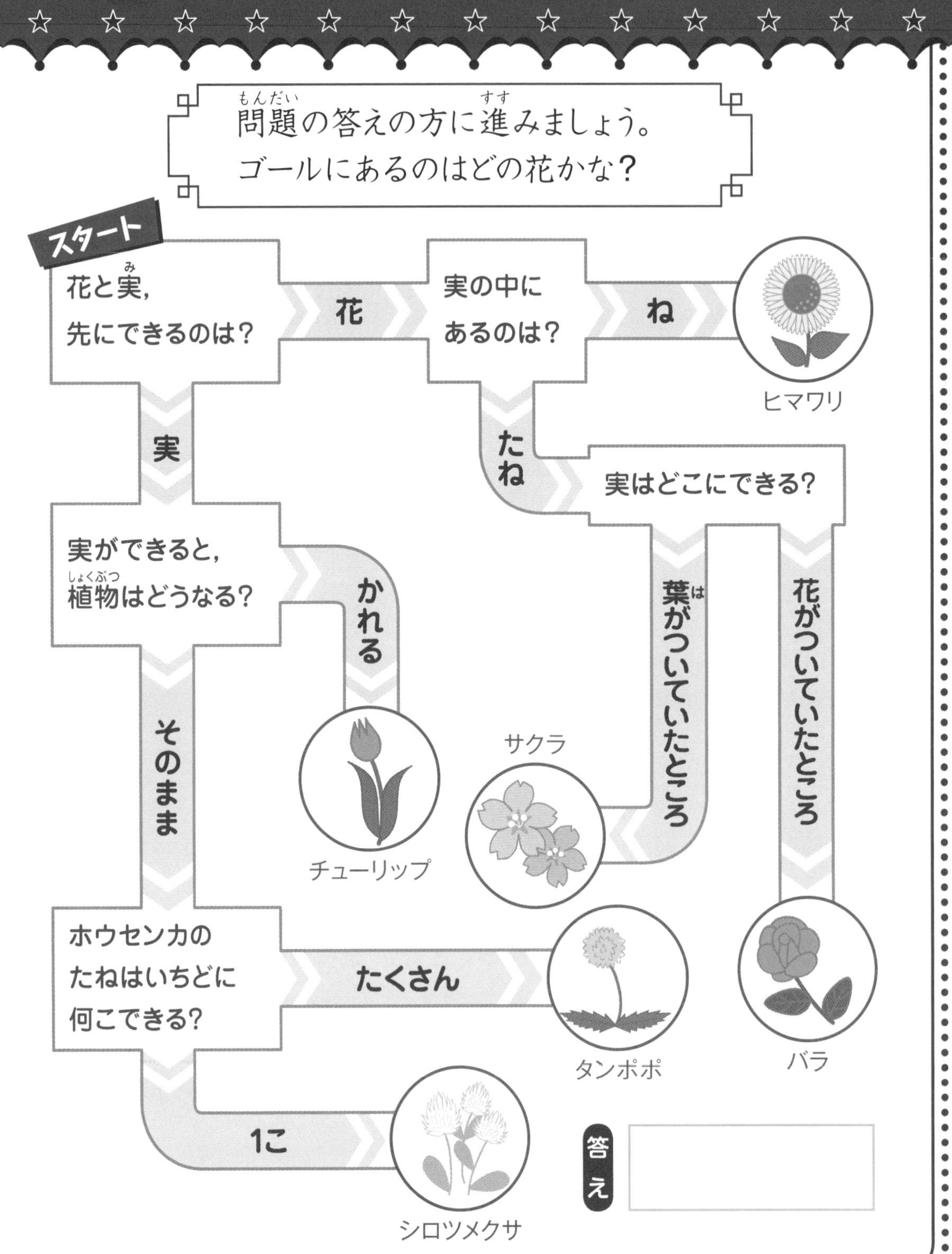

太陽とかげの動き
かげのでき方

▶▶▶ 答えはべっさつ7ページ

点数　　点

①～⑥：10点　⑦⑧：20点

次(つぎ)の［　　］にあてはまることばをかきましょう。

・太陽(たいよう)の光を，①［　　］という。

・日光をさえぎる物(もの)があると，
②［　　］ができる。

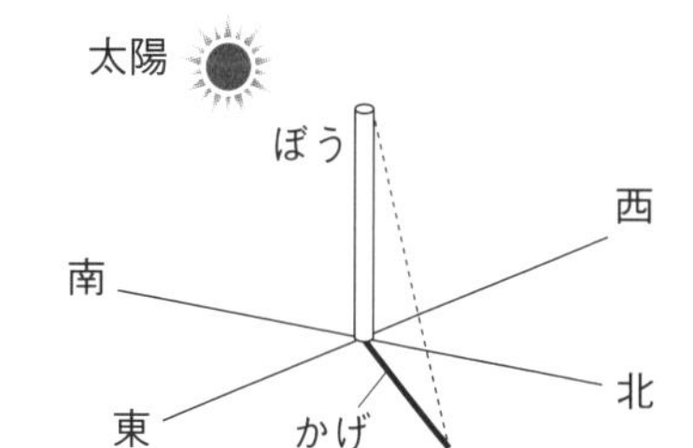

・②は，よく晴れた日には③［　　］が，雨やくもりの日には④［　　］。← 雨やくもりの日には，日光が当たらない。

考えよう

下の図を見て，［　　］にあてはまることばをかきましょう。

・かげは，太陽の⑤［　　］がわにできている。

・かげは，どれも⑥［　　］向(む)きにできている。

ことばのかくにん

・⑦［　　］：太陽の光のこと。

・⑧［　　］：日光をさえぎる物があるとできる。

太陽とかげの動き

かげのでき方

答えはべっさつ7ページ

1：1つ20点　2：1問20点

1 次(つぎ)の文のうち，正しいもの３つに○をつけましょう。

① (　　) かげは，雨の日にできる。

② (　　) かげは，よく晴れた日にできる。

③ (　　) かげは，日光をさえぎる物(もの)があるとできる。

④ (　　) かげは，日光をさえぎる物がなくてもできる。

⑤ (　　) かげは，太陽(たいよう)と同じがわにできる。

⑥ (　　) かげは，太陽の反対(はんたい)がわにできる。

2 右の図を見て，次の問題(もんだい)に答えましょう。

(1) 右の図には，太陽がかかれていません。太陽はどこにありますか。次の**ア**～**エ**からえらびましょう。

(　　　　)

ア　男の子のうしろ　　**イ**　男の子の前

ウ　男の子の右がわ　　**エ**　男の子の左がわ

(2) 上の図に鉄(てつ)ぼうのかげをかくと，どうなりますか。右の**ア**～**ウ**からえらびましょう。

(　　　　)

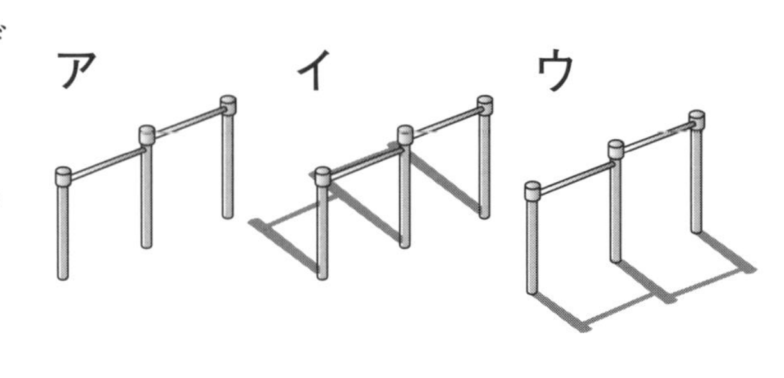

太陽とかげの動き
太陽の動き

答えはべっさつ8ページ

点

①②：20点　③～⑧：10点

おぼえよう

［　　］にあてはまることばをかきましょう。

＜方位じしんの使い方＞

1　方位じしんを①［　　　　］にして持つ。

2　はりの色のついた方に，②［　　　　］という文字を合わせる。

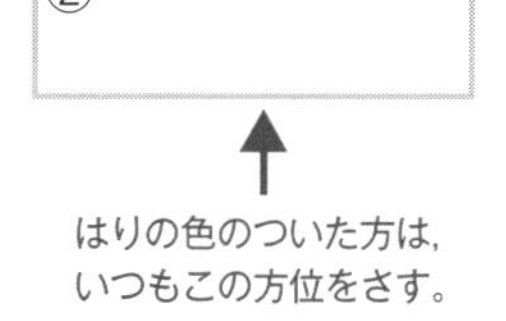

3　調べる方位を読みとる。

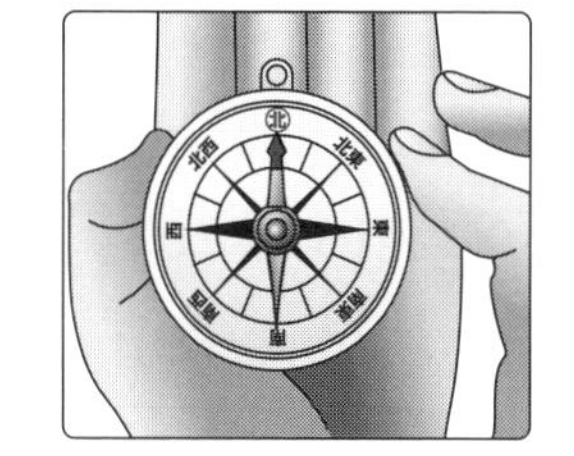

＜太陽の１日の動き＞

・太陽は，③［　　　　］からのぼり，④［　　　　］を通って，⑤［　　　　］にしずむ。

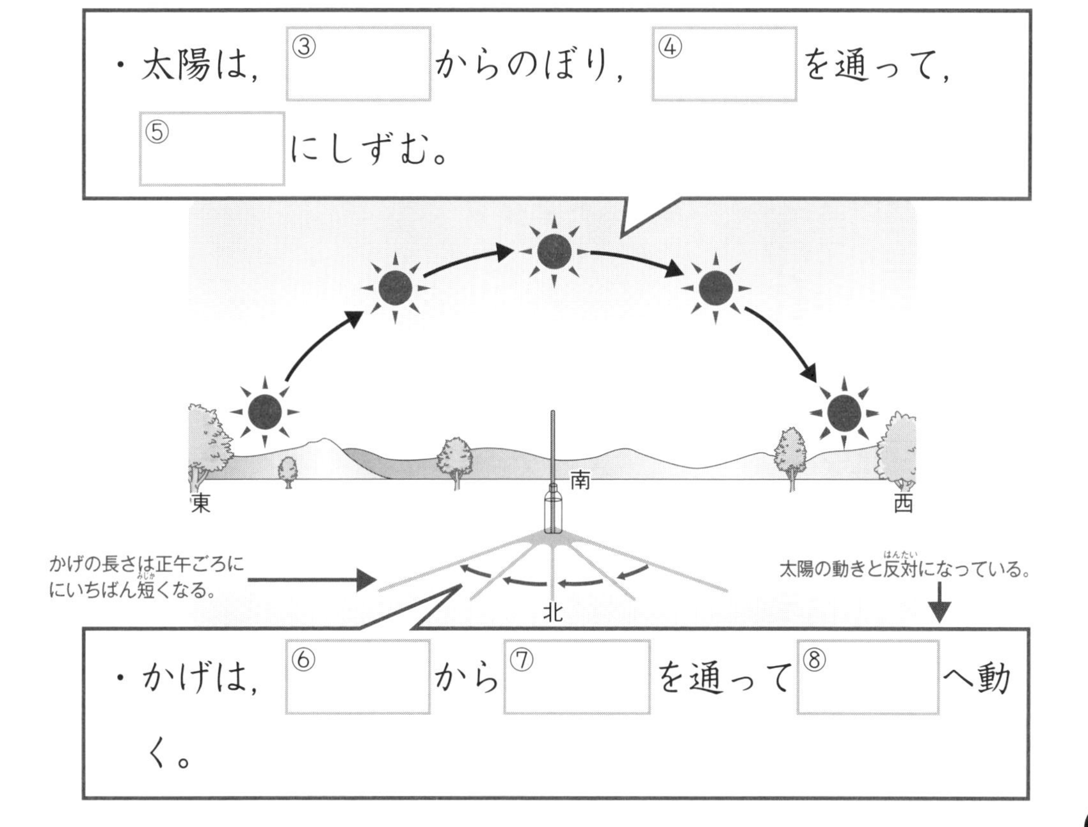

・かげは，⑥［　　　　］から⑦［　　　　］を通って⑧［　　　　］へ動く。

太陽の動き

答えはべっさつ8ページ

(1)～(3) 1問20点　(4) 1問20点

1 右の図のような道具(どうぐ)を使(つか)って，方位(ほうい)を調(しら)べようと思います。次(つぎ)の問題(もんだい)に答えましょう。

(1) 方位を調べるときに使う，右の道具を何といいますか。　(　　　　　)

(2) (1)の道具を持(も)つときは，どのように持ちますか。次の**ア**，**イ**からえらびましょう。　(　　　　　)

ア　地面(じめん)に直角になるように持つ。
イ　水平(すいへい)になるように持つ。

(3) 調べたい方向(ほうこう)に向(む)いて立った後，はりの色のついた方とどの文字が合うように(1)を回しますか。次の**ア**～**エ**からえらびましょう。　(　　　　　)

ア　東　　**イ**　西　　**ウ**　南　　**エ**　北

(4) 南を向いて立ったときのようすについて，次の文の①，②にあてはまる方位を，次の**ア**～**エ**からそれぞれえらびましょう。　①(　　　　　)　②(　　　　　)

南を向いて立つと，左手の方が（　①　），右手の方が（　②　）になる。

ア　東　　**イ**　西　　**ウ**　南　　**エ**　北

勉強した日　　月　　日

太陽とかげの動き

太陽の動き

▶▶▶ 答えはべっさつ8ページ

(1) (2) 1問10点　(3) 20点　(4) 1問10点

1 右の図のように，ぼうを立てて，午前９時，正午，午後３時の太陽とかげの向きを調べました。次の問題に答えましょう。

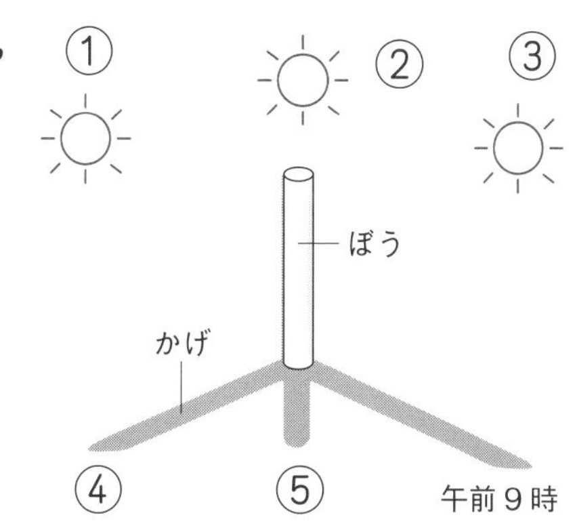

(1) 午前９時の太陽はどれですか。①～③からえらびましょう。

(　　　　)

(2) 午後３時のかげはどれですか。④，⑤からえらびましょう。

(　　　　)

(3) かげの長さについて正しいものを，次の**ア**～**ウ**からえらびましょう。

(　　　　)

ア　かげの長さはいつも同じ。

イ　かげの長さは正午ごろがいちばん長い。

ウ　かげの長さは正午ごろがいちばん短い。

(4) 太陽とかげの動きについてまとめました。(　　)に，東，西，南，北のどれかを入れましょう。

太陽は，(　　　　)からのぼって(　　　　)の空を通り，(　　　　)にしずむ。

かげは，(　　　　)から(　　　　)を通って(　　　　)へと動く。

太陽とかげの動き

温度計の使い方

▶▶▶ 答えはべっさつ8ページ

①～④：20点　⑤⑥：10点

おぼえよう

次の　　　にあてはまることばや数字をかきましょう。

・温度計…えきだめにふれている土や水，空気などの

①　　　　　をはかる道具。

＜温度計の目もりの読み方＞

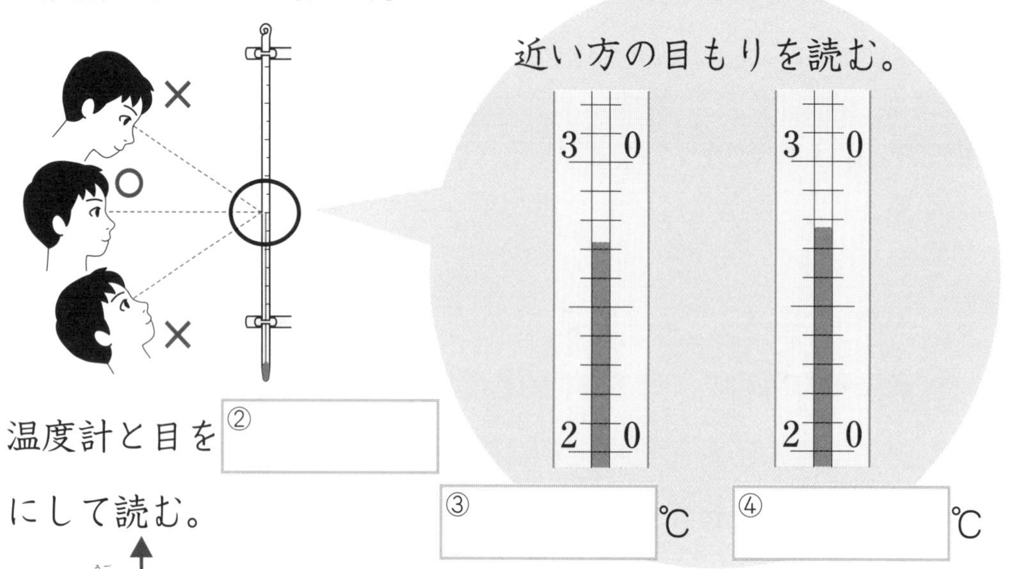

温度計と目を②　　　　　にして読む。

えきの先が動かなくなってから目もりを読むこと。

③　　　　　℃　④　　　　　℃

考えよう

温度計を使うときに気をつけることを，まとめました。　　　にあてはまることばをかきましょう。

・⑤　　　　　の部分を手で持ってはいけない。←手の温度で温度計があたたまってしまうから。

・温度計で⑥　　　　　をほらない。←温度計がこわれるから。

太陽とかげの動き
温度計の使い方

▶▶▶ 答えはべっさつ8ページ

⑴20点　⑵1つ10点　⑶1問20点

点数　　点

1 温度計(おんどけい)の使(つか)い方について，次(つぎ)の問題(もんだい)に答えましょう。

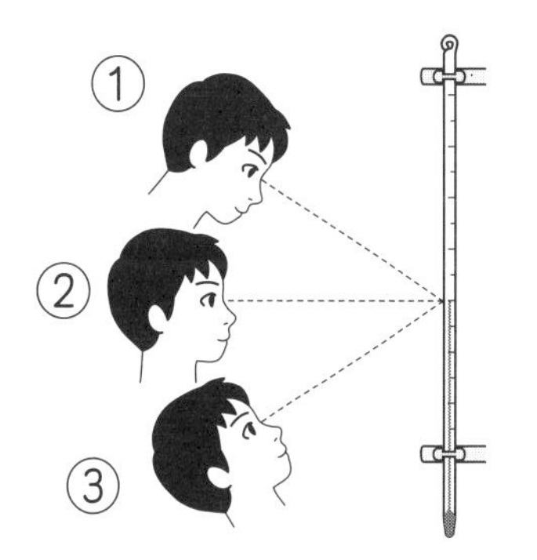

(1) 温度計の目もりを読むときは，右の①～③のどのいちで読みますか。

(　　　　)

(2) 温度計の使い方として，正しいもの２つに○をつけましょう。

① (　　) 空気の温度をはかるときは，えきだめに日光が当たるようにしてはかる。

② (　　) 地面(じめん)の温度をはかるときは，えきだめに日光が当たらないようにしてはかる。

③ (　　) 温度計を持(も)つときは，えきだめの部分を持つ。

④ (　　) 温度計を持つときは，温度計の上の方を持つ。

(3) ①～③の温度計の目もりを読みとりましょう。

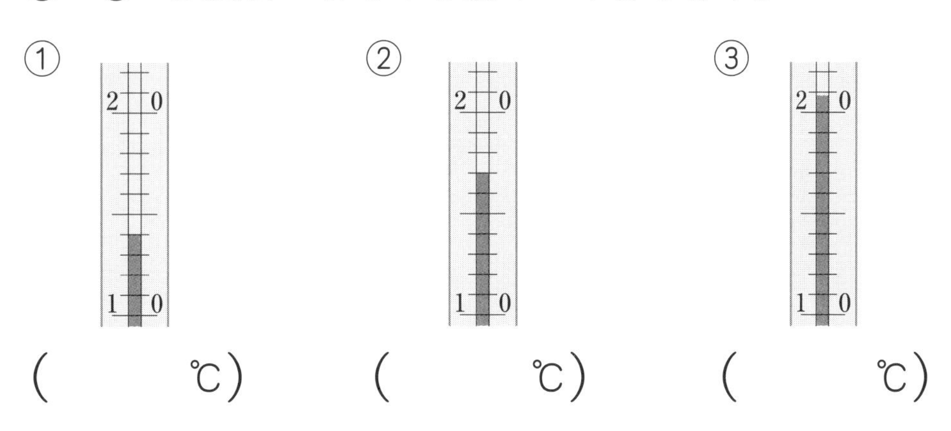

①(　　　℃)　②(　　　℃)　③(　　　℃)

太陽とかげの動き
日なたと日かげ

▶▶▶ 答えはべっさつ9ページ

①〜③:20点　④〜⑦:10点

おぼえよう

よく晴れた日の，日なたと日かげのようすについてまとめました。表（ひょう）にあてはまることばをかきましょう。

	日なた	日かげ
明るさ	①	暗（くら）い
あたたかさ	あたたかい	②
しめりぐあい	③	少ししめっている

考えよう

日なたと日かげの地面（じめん）の温度（おんど）を午前9時と正午にはかると，右の図のようになりました。

［　　］にあてはまることばをかきましょう。

日なたか日かげかで答える。

・［④　　］の地面の方が，

［⑤　　］の地面よりも温度が高い。

日なたか日かげかで答える。

・これは，［⑥　　］の地面が

［⑦　　］であたためられているからである。

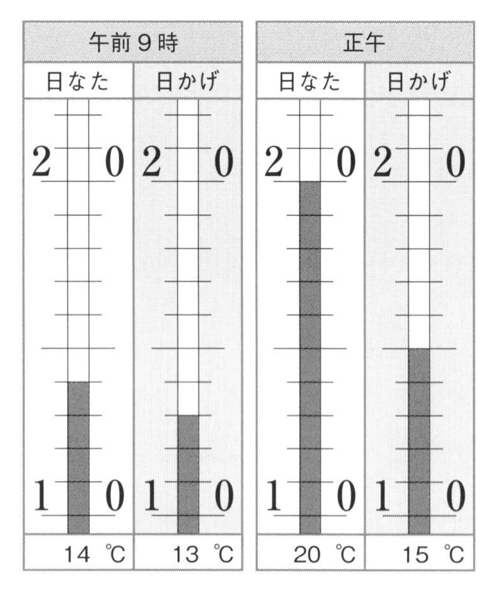

太陽とかげの動き

日なたと日かげ

▶▶▶ 答えはべっさつ9ページ

1問20点

1 右の図のように，日なたと日かげのようすについて調(しら)べました。次(つぎ)の問題(もんだい)に答えましょう。

(1) 明るいのは，日なたですか，日かげですか。

(　　　　　　)

(2) 地面(じめん)を手でさわるとつめたいのは，日なたですか，日かげですか。

(　　　　　　)

(3) 地面に水を少しまきました。地面が早くかわくのは，日なたですか，日かげですか。

(　　　　　　)

(4) かげができるのは，日なたですか，日かげですか。

(　　　　　　)

◆チャレンジ◆

(5) 同じ温度(おんど)の水を同じだけ入れたバケツを，日なたと日かげにおきました。しばらくして水の温度をくらべると，日なたと日かげ，どちらの水の温度が高くなっていますか。

(　　　　　　)

太陽とかげの動き

日なたと日かげ

 答えはべっさつ9ページ

(1) 全部できて30点　(2) 30点　(3) 1問20点

1 晴れた日に，日なたと日かげの地面(じめん)の温度(おんど)を１時間ごとにはかりました。次(つぎ)の問題(もんだい)に答えましょう。

	午前9時	午前10時	午前11時	正午	午後１時	午後２時
あ	16℃	20℃	23℃	24℃	25℃	25℃
い	13℃	13℃	14℃	14℃	15℃	15℃

(1) 地面の温度のはかり方として正しいものを，次の**ア**～**エ**からすべてえらびましょう。（　　　　　　　）

ア　地面を少しほってえきだめを入れて，土をかける。
イ　地面の上にそのまま温度計をおく。
ウ　温度計に直せつ日光が当たるようにしてはかる。
エ　温度計に直せつ日光が当たらないようにしてはかる。

(2) 表(ひょう)の**あ**と**い**のうち，日なたの温度をあらわしているのはどちらですか。（　　　）

(3) 同じ時こくにはかっても，日なたと日かげで地面の温度がちがうのはなぜですか。（　　）にあてはまることばをかきましょう。

（　　　　　　）の方が，（　　　　　　）で地面があたためられているから。

太陽とかげの動きのまとめ

▶▶▶ 答えはべっさつ9ページ

(1) (2) 1問10点　(3)～(6) 1問20点

1 正午に校しゃを見ると，右の図のようなかげができていました。次の問題に答えましょう。

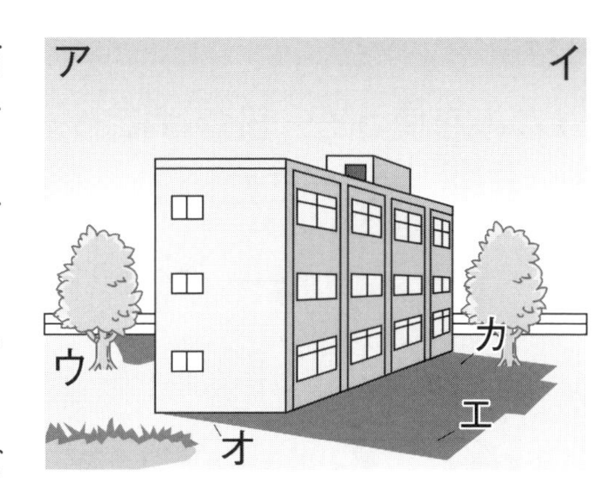

(1) 図のようなかげができているとき，太陽はどこにありますか。**ア**，**イ**からえらびましょう。（　　　　）

(2) (1)の方位は何ですか。（　　　　）

(3) 図の**ウ**と**エ**で，地面の温度が高いのはどちらですか。（　　　　）

(4) 午後３時に校しゃのかげを見ると，図のかげよりも長くなっていますか，短くなっていますか。（　　　　）

(5) 午後５時にかげになっているのは，図の**オ**，**カ**のどちらですか。（　　　　）

◇チャレンジ◇

(6) かげが時間とともに動くのは，なぜですか。かんたんにかきましょう。（　　　　）

光と音のせいしつ

日光をはね返そう

答えはべっさつ9ページ

点数　　点

1問25点

おぼえよう！

かがみを使って，日かげにあるかべに日光をはね返しました。はね返した日光について，□にあてはまることばをかきましょう。

かがみではね返した日光は，①□に進む。

←はね返した日光を日かげの地面の近くに当てると，光の進むようすがわかりやすい。

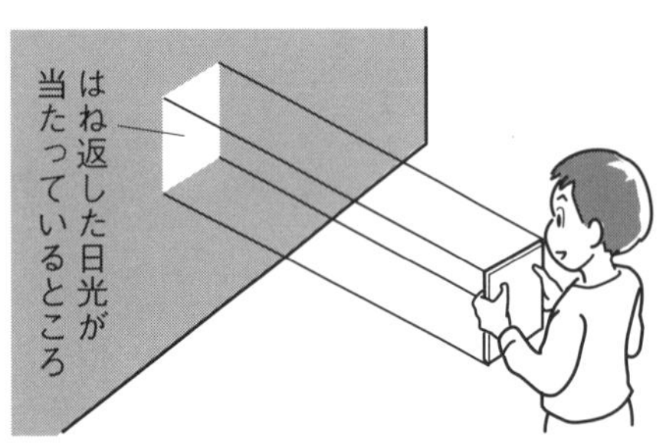

はね返した日光が当たった部分は，②□くて，あたたかい。

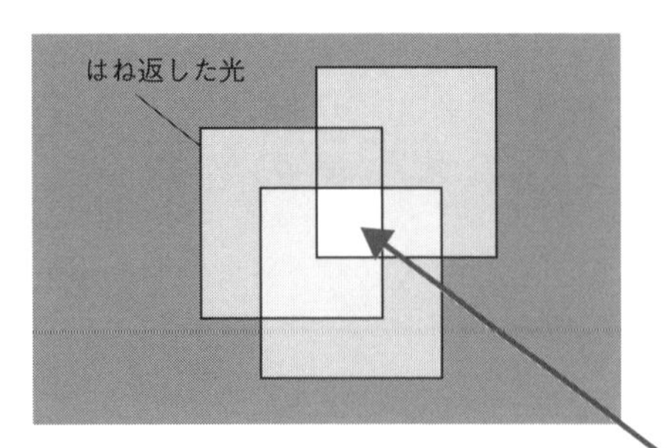

かがみの数をふやして，はね返した日光を重ねると，かがみ1まいのときよりも明るさは③□くなり，温度は④□る。

日光をたくさん重ねたところほど，明るく，あたたかくなる。

光と音のせいしつ

日光をはね返そう

▶▶▶ 答えはべっさつ10ページ

(1) (2) 1問20点　(3) 1つ20点　(4) 20点

1 かがみを使(つか)って，日光をはね返(かえ)し，日光の進(すす)み方やはたらきを調(しら)べます。次(つぎ)の問題(もんだい)に答えましょう。

(1) 日光は，どこにはね返すとよいですか。次の**ア**～**エ**からえらびましょう。（　　　　）

ア　日なたのかべ　　**イ**　日かげのかべ
ウ　太陽(たいよう)の方　　**エ**　友だちのいるところ

(2) かがみではね返した日光は，どのように進みますか。かんたんにかきましょう。（　　　　　　　　　）

(3) かがみではね返した日光が当たっているところのようすについて，正しいもの２つに○をつけましょう。

①（　　）まわりよりも暗い。
②（　　）まわりよりも明るい。
③（　　）まわりよりもつめたい。
④（　　）まわりよりもあたたかい。

◇チャレンジ◇

(4) 右の図のような形のかがみを使って，光をはね返しました。はね返した光の形を次の**ア**～**エ**からえらびましょう。（　　　　）

ア

イ

ウ

エ

光と音のせいしつ

日光をはね返そう

▶▶▶ 答えはべっさつ10ページ

(1)～(3) 1問20点　(4) 全部できて20点　(5) 20点

1 3まいのかがみを使(つか)って，日光をかべにはね返(かえ)しました。次(つぎ)の問題(もんだい)に答えましょう。

はね返した日光
ア　イ　ウ　エ　オ

(1) 図の**ア**～**オ**の中で，手でさわるといちばんあたたかく感(かん)じるところはどこですか。

(　　　)

(2) 図の**ア**～**オ**の中で，手でさわるといちばんつめたく感じるところはどこですか。　(　　　)

(3) 図の**ア**～**オ**の中で，いちばん明るいところはどこですか。

(　　　)

(4) 図の**ア**～**オ**の中に，明るさが同じところがあります。それはどことどこですか。　(　　　と　　　)

(5) 右の図のように，日かげのかべにかいたまとに，はね返した日光を当てたいと思います。光をまとに当てるには，かがみを上，下，右，左のどちらにかたむければよいですか。

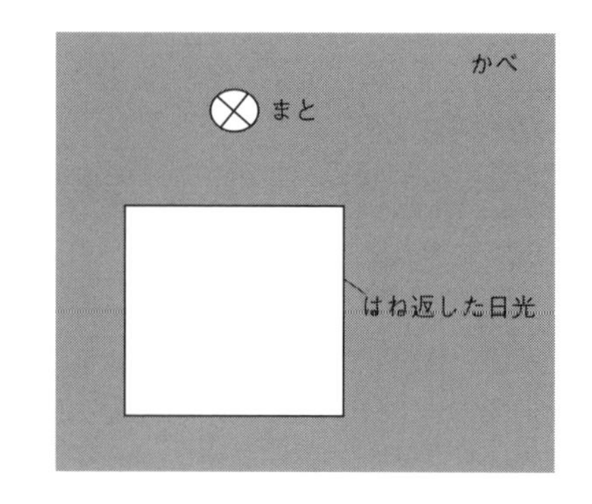

(　　　)

光と音のせいしつ

日光を集めよう

▶▶▶ 答えはべっさつ10ページ

点数　　点

1問20点

おぼえよう

右の図のような道具を使って，日光を集めました。　　にあてはまることばをかきましょう。

①＿＿＿＿を使って，日光を集める。

①を遠くからだんだん紙に近づけていくと，日光が集まっている部分の大きさが②＿＿＿＿くなる。

さらに近づけていくと，大きくなる。

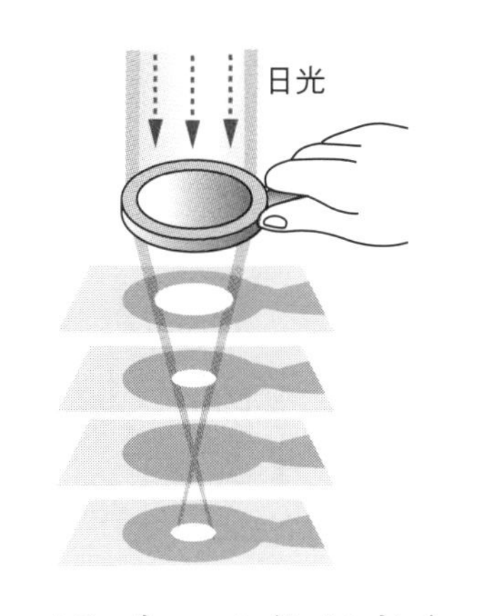

日光が集まっている部分の大きさが小さいほど，日光が当たっている部分の明るさは③＿＿＿＿くなり，温度は④＿＿＿＿くなる。

黒い紙に日光を集めると，
日光が当たっている部分はこげてしまう。

ことばのかくにん

・⑤＿＿＿＿：植物やこん虫をかんさつするときに使うが，日光を集めることもできる。

光と音のせいしつ

47 日光を集めよう

答えはべっさつ10ページ

1問25点

1 同じ大きさの虫めがねを使(つか)って，日光を黒い紙に集(あつ)めました。次(つぎ)の問題(もんだい)に答えましょう。

ア 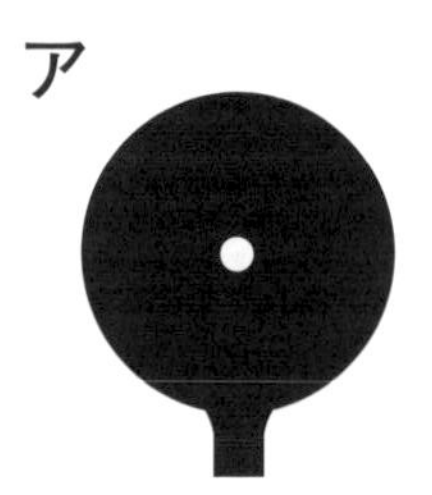

イ 

(1) 日光が集まっている部分(ぶぶん)が明るいのは，図の**ア**，**イ**のどちらですか。（　　　）

(2) 紙が先にこげはじめるのは，図の**ア**，**イ**のどちらですか。（　　　）

(3) **ア**は，日光が集まっている部分がいちばん小さいときです。虫めがねと紙を**ア**のときよりも近づけていくと，日光が集まっている部分の大きさはどうなりますか。（　　　　　　　）

◇チャレンジ◇

2 大きさがちがう虫めがねを使って，日光を黒い紙に集めました。日光が集まっている部分の大きさが同じとき，いちばん先に紙がこげはじめるのは，次のア～ウのどれですか。（　　　）

ア 小さい虫めがね

イ 大きい虫めがね

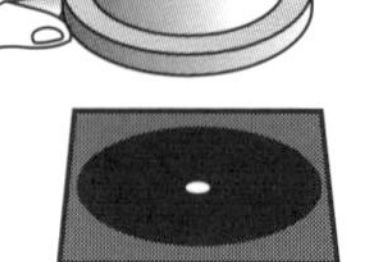

ウ 中ぐらいの虫めがね

光と音のせいしつ

音のせいしつ

▶▶▶ 答えはべっさつ10ページ

①〜⑥：10点　⑦⑧：20点

点数　　点

おぼえよう

トライアングルをたたいて音を出しました。□にあてはまることばをかきましょう。

・音が出ているトライアングルに，指先（ゆびさき）でふれてみると，トライアングルは①□いる。

・ふるえを止めると，音は②□なる。 ← ふるえることで音が出る。

・トライアングルを強くたたいて③□な音を出すと，トライアングルのふるえは④□なる。

・トライアングルを弱くたたいて⑤□な音を出すと，トライアングルのふるえは⑥□なる。

考えよう

糸電話を使（つか）って話しました。□にあてはまることばをかきましょう。

糸が音をつたえる。

・話しているときに糸にふれると，糸が⑦□いる。

・話しているときに糸をつまむと，声は⑧□なる。

糸のふるえが止まる。

勉強した日  月  日

光と音のせいしつ

音のせいしつ

▶▶▶ 答えはべっさつ11ページ

1問20点

1 たいこの上に紙きれをおいて，たいこをたたきました。次（つぎ）の問題（もんだい）に答えましょう。

(1) 大きな音が出るのは，たいこを強くたたいたとき，弱くたたいたときのどちらですか。

(　　　　　　　　　　)

(2) たいこの上の紙きれが大きくはねるのは，たいこを強くたたいたとき，弱くたたいたときのどちらですか。

(　　　　　　　　　　)

(3) 音が出ているたいこの皮（かわ）をおさえると，音はどうなりますか。

(　　　　　　　　　　)

2 糸電話を使（つか）って，２人で話しました。次の問題に答えましょう。

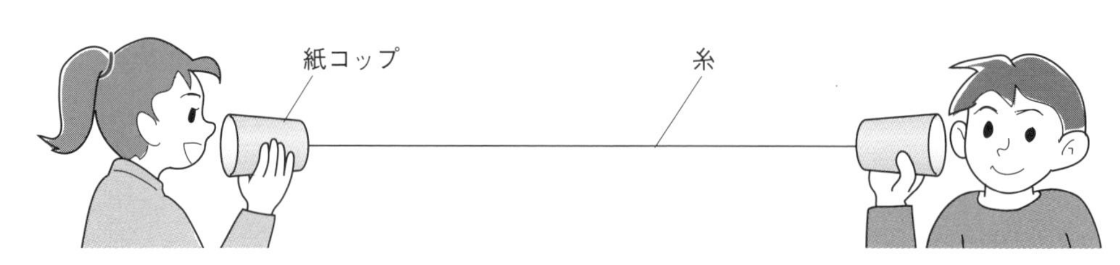

(1) 糸電話で，音をつたえているものは，何ですか。

(　　　　)

(2) (1)がふるえるのを止めると，相手の声は聞こえますか，聞こえませんか。

(　　　　　　)

50 光と音のせいしつのまとめ

▶▶▶ 答えはべっさつ11ページ

1問20点

1 光のせいしつについて，次の問題に答えましょう。

(1) だんボールの板に温度計をさして，まと①，②，③をつくりました。右の図のように，かがみでまとに日光を当てました。しばらくして温度計を見たとき，いちばん温度が高くなっているのは，まと①～③のどれですか。

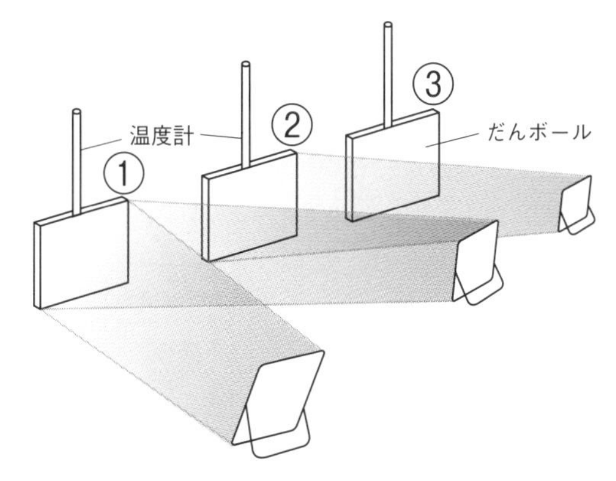

(　　　　)

(2) 虫めがねで黒い紙に日光を集めました。紙を早くこがす方ほうについて，(　　)にあてはまることばをかきましょう。

・日光が集まっている部分の大きさをできるだけ(　　　　)くする。

2 次の文は，音のせいしつについてかいたものです。文が正しければ○を，まちがっていれば×をかきましょう。

① 音を出している物は，ふるえている。 (　　　　)

② 大きな音ほど，ふるえが大きい。 (　　　　)

③ 鉄ぼうは，音をつたえない。 (　　　　)

光と音のせいしつのまとめ

いちばん明るいのは？

▶▶▶ 答えはべっさつ11ページ

かがみを使(つか)って，いろいろな記号(きごう)に日光を当てました。
いちばん明るい記号のところをぬりましょう。

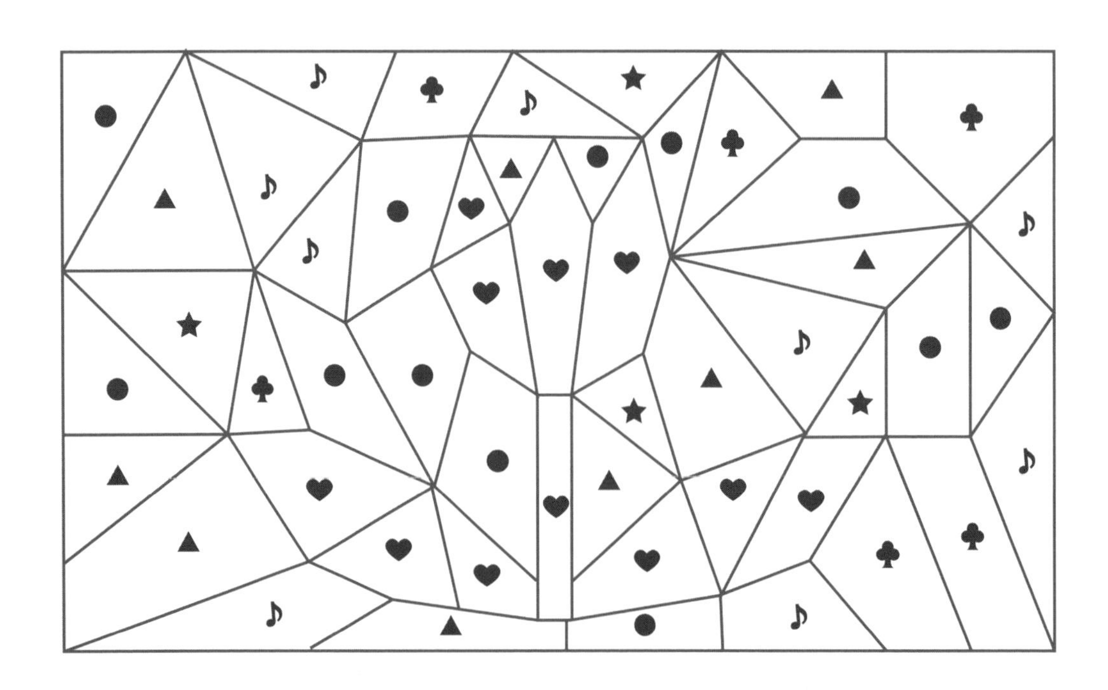

風やゴムで動かそう

風のはたらき

答えはべっさつ11ページ

1問20点

おぼえよう

風で動く車をつくりました。［　］にあてはまることばをかきましょう。

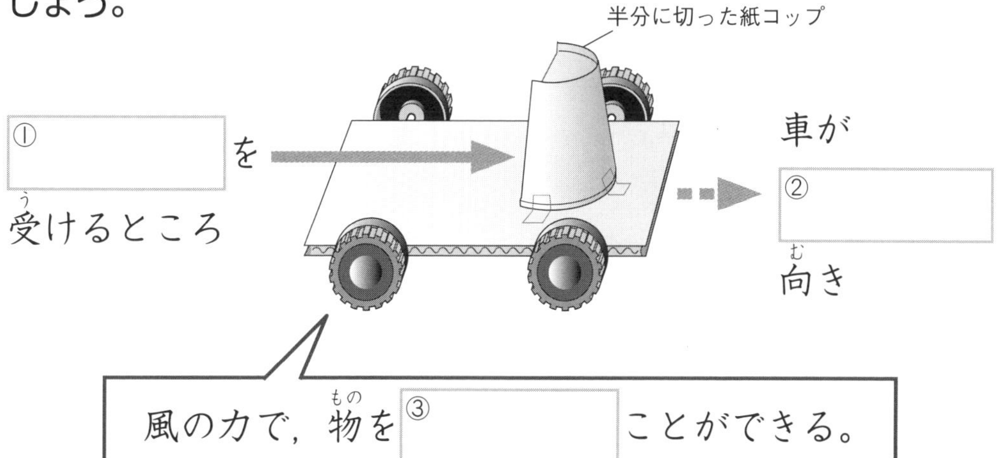

風の力で，物を③［　］ことができる。

考えよう

風で動く車に，いろいろな強さの風を当てて，車の動くきょりを調べました。

［　］にあてはまることばをかきましょう。

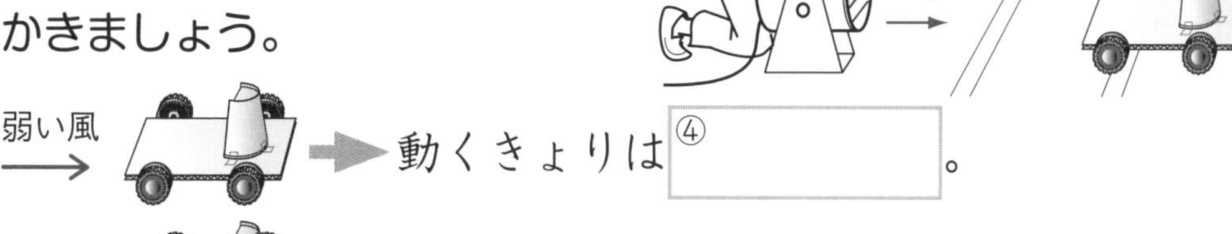

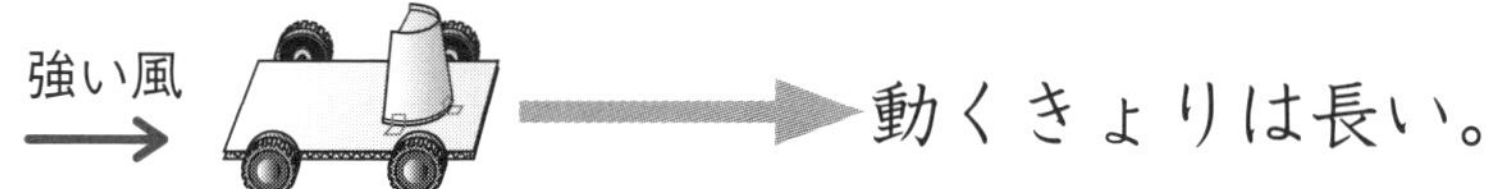

物を動かすはたらきは，風が⑤［　］ほど大きい。

風やゴムで動かそう

風のはたらき

▶▶▶ 答えはべっさつ11ページ

(1)(2)1問25点　(3)1つ25点

1 下の図のように，車に風を当てて，車の動(うご)くきょりを調(しら)べました。表は，風の強さと車の動いたきょりをまとめたものです。次(つぎ)の問題(もんだい)に答えましょう。

風の強さ	車の動いたきょり
弱	3m20cm
強	6m10cm

(1) 風にはどんな力がありますか。(　　) にあてはまることばをかきましょう。

風には，物(もの)を(　　　　　　)すはたらきがある。

(2) 風が強いほど，車の動くきょりはどうなりますか。

(　　　　　　　　　　　　　　)

(3) 次の文の中で，正しいもの２つに○をつけましょう。

① (　　) 風の強さを０にすると，車は動かない。

② (　　) 風の強さを「強」よりも強くすると，車は6m10cmよりも長いきょりを動く。

③ (　　) 車の重(おも)さをかえないで，風を受(う)けるところを小さくすると，風の強さが「弱」でも，車は3m20cmより長いきょりを動く。

風やゴムで動かそう
ゴムのはたらき

▶▶▶ 答えはべっさつ12ページ

1問25点　　　　点

おぼえよう！

ゴムで動く車をつくりました。［　　］にあてはまることばをかきましょう。

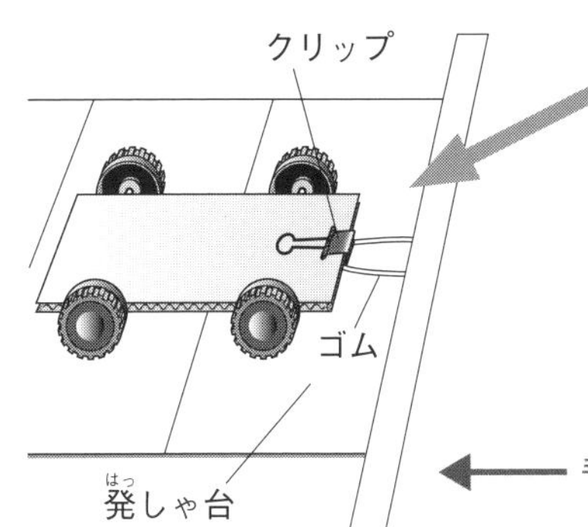

ゴムには，引っぱったり，ねじったりすると，もとに①［　　　　］とする力がはたらく。

手で車を引っぱって，手をはなすと，車は前に動く。

考えよう

ゴムで動く車を使って，車の動くきょりを調べました。［　　］にあてはまることばをかきましょう。

わゴムをのばす長さが短い。　動くきょりは短い。物を動かすはたらきが小さい。

わゴムをのばす長さが長い。　動くきょりは②［　　　　］。物を動かすはたらきが③［　　　　］。

物を動かすはたらきは，ゴムを④［　　　　］のばすほど大きくなる。

風やゴムで動かそう

ゴムのはたらき

練習

▶▶▶ 答えはべっさつ12ページ

点数　　点

⑴ 1問20点　⑵ 20点　⑶ 1つ20点

1 下の図のように，ゴムで動く車をつくって，車の動くきょりを調べました。表は，ゴムをのばす長さと車の動いたきょりをまとめたものです。次の問題に答えましょう。

ゴムをのばす長さ	車の動いたきょり
10cm	1m20cm
15cm	2m50cm
20cm	5m30cm

(1) ゴムにはどんな力がはたらきますか。（　　）にあてはまることばをかきましょう。

ゴムには，引っぱったりねじったりすると

（　　　　　）に（　　　　　）とする力がはたらく。

(2) ゴムを長くのばすと，車の動くきょりはどうなりますか。

（　　　　　　　　　　）

(3) 次の文の中で，正しいもの２つに○をつけましょう。

① （　　）ゴムをのばす長さを2倍にすると，車が動いたきょりも2倍になる。

② （　　）ゴムを20cmよりも長くのばすと，車は5m30cmよりも長いきょりを動く。

③ （　　）ゴムをのばさないと，車は動かない。

56 風やゴムで動かそうのまとめ

▶▶▶ 答えはべっさつ12ページ

1：(1) 1問10点　(2) 10点　**2**：1問14点

1 風やゴムのはたらきについて調(しら)べるために，①，②について，車の動(うご)くきょりを調べました。次(つぎ)の問題(もんだい)に答えましょう。

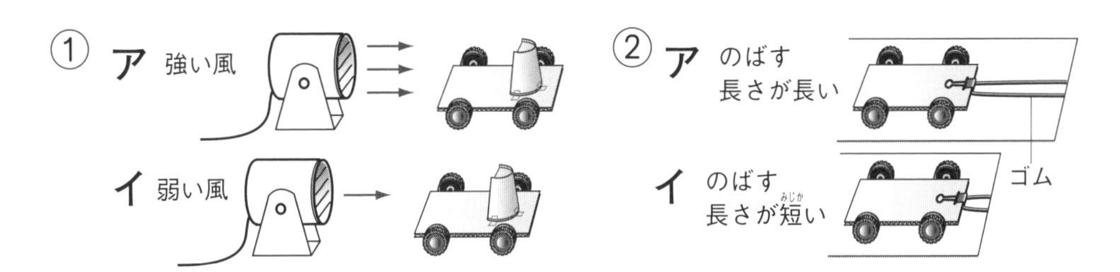

(1) ①，②では，**ア**，**イ**のどちらが長いきょりを動きますか。それぞれかきましょう。

① (　　　　　) ② (　　　　　)

◇チャレンジ◇

(2) ゴムのはたらきは，ゴムの本数や太さによってちがいます。ゴムの本数や太さをかえてゴムの力をくらべるときに，気をつけることは何ですか。

(　　) にあてはまることばをかきましょう。

ゴムを(　　　　　　　)長さを同じにする。

2 次の①～⑤は，風の力をりようしたものですか，ゴムの力をりようしたものですか。風の力をりようしたものには○，ゴムの力をりようしたものには△をかきましょう。

①タイヤ　(　　　　　)　②ヨット　(　　　　　)

③ふうりん　(　　　　　)　④たこ上げ　(　　　　　)

⑤水ふうせん〔ヨーヨー〕(　　　　　)

電気で明かりをつけよう

豆電球の明かり①

答えはべっさつ12ページ

点数　点

1問10点

おぼえよう

豆電球（まめでんきゅう）とかん電池のつなぎ方について，まとめました。

□にあてはまることばをかきましょう。

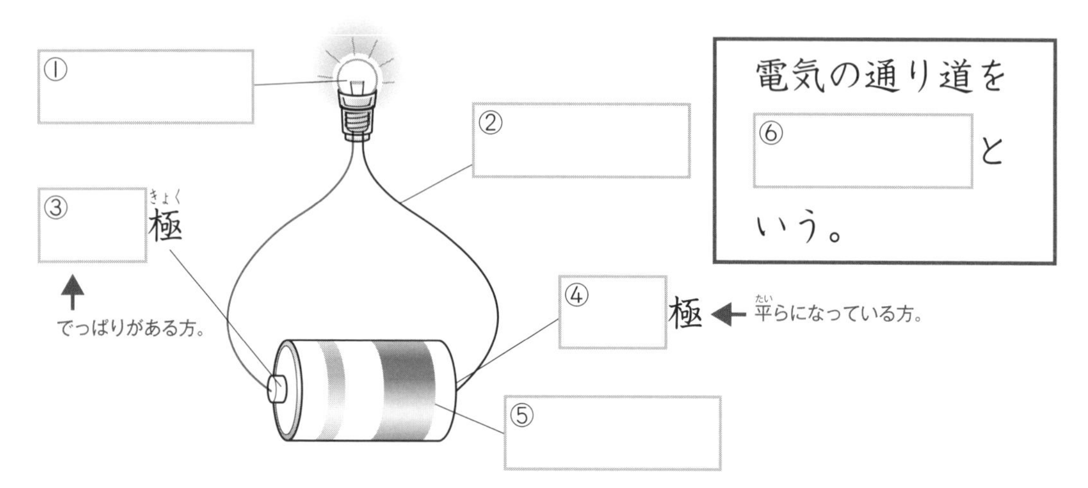

電気の通り道を ⑥□ という。

豆電球に明かりが ⑦□ つなぎ方	豆電球に明かりが ⑧□ つなぎ方
＋極（プラスきょく）と－極（マイナスきょく）をつなぐわに ⑨□。	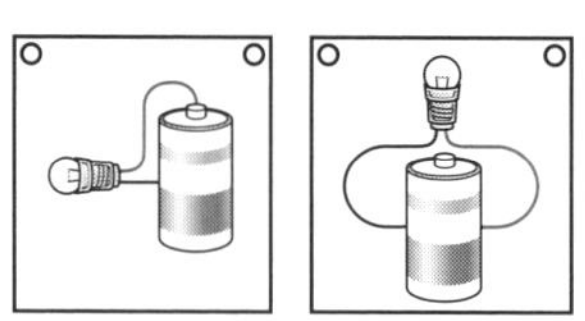 ＋極と－極をつなぐわになっていない。

ことばのかくにん

・⑩□：わのようにつながっている電気の通り道。

電気で明かりをつけよう

豆電球の明かり①

▶▶▶ 答えはべっさつ13ページ

1：(1) 1問10点　(2) 20点　**2**：1問10点

1 豆電球(まめでんきゅう)とかん電池のつなぎ方について，次(つぎ)の問題(もんだい)に答えましょう。

(1) 図の①，②は，＋極(プラスきょく)，－極(マイナスきょく)のどちらですか。それぞれかきましょう。

①（　　　　　）極

②（　　　　　）極

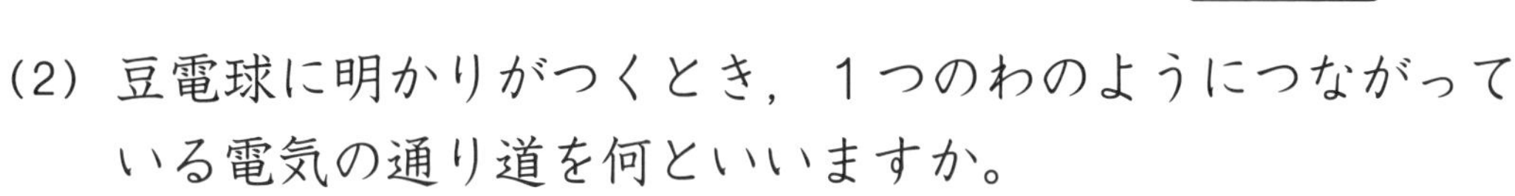

(2) 豆電球に明かりがつくとき，１つのわのようにつながっている電気の通り道を何といいますか。

（　　　　　　　）

2 次の①～⑥のように豆電球とかん電池をつなぎました。豆電球に明かりがつくものには○を，つかないものには×をかきましょう。

①（　　　）　②（　　　）　③（　　　）

④（　　　）　⑤（　　　）　⑥（　　　）

電気で明かりをつけよう

豆電球の明かり②

▶▶▶ 答えはべっさつ13ページ

点数　　点

1問20点

おぼえよう！

豆電球(まめでんきゅう)のしくみについて，［　］にあてはまることばをかきましょう。

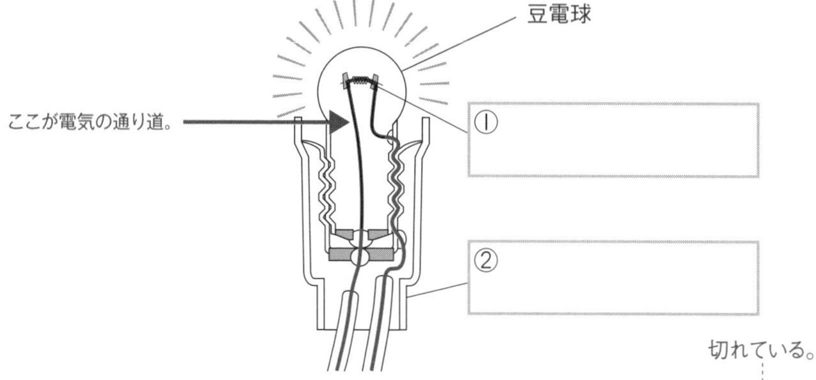

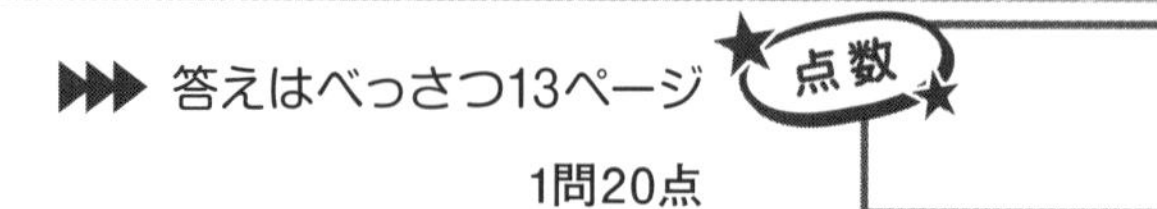

電気の通り道がとちゅうではなれていると，豆電球の明かりは［③　　　］。

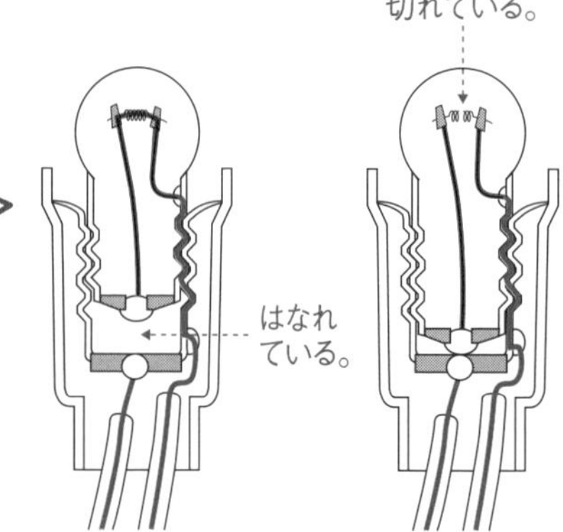

・ソケットを使(つか)わなくても，

かん電池の＋極(プラスきょく)→豆電球の下と横(よこ)
→かん電池の［④　　　］極

が１つのわのようにつながっていると，豆電球には明かりが［⑤　　　］。

電気で明かりをつけよう
豆電球の明かり②

▶▶▶ 答えはべっさつ13ページ

(1) 10点　(2) 1問15点

1 豆電球(まめでんきゅう)のしくみについて，次(つぎ)の問題(もんだい)に答えましょう。

(1) 豆電球の中で，電気はどのように通っていますか。次のア～ウからえらびましょう。　(　　　)

ア
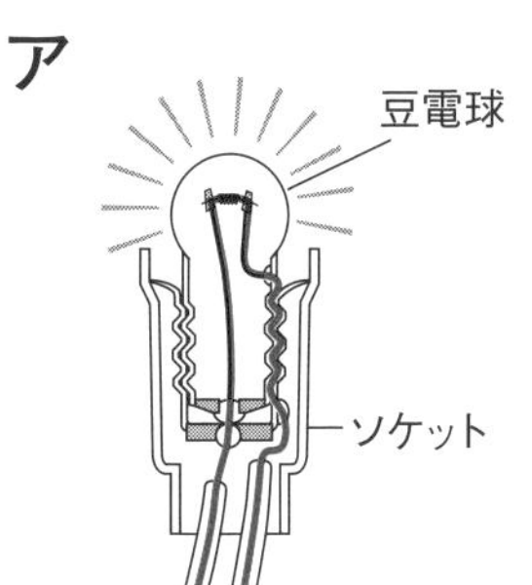

イ

ウ
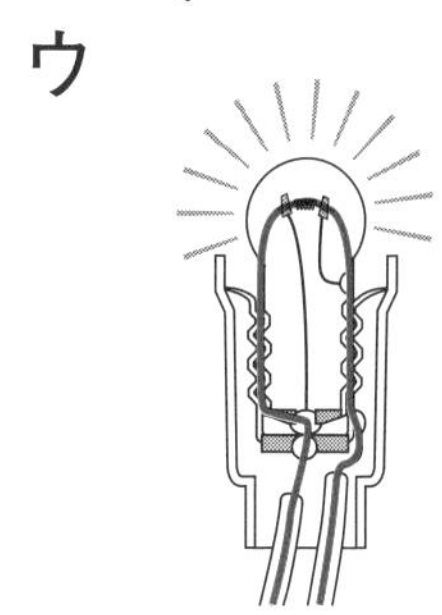

◆チャレンジ◆

(2) ソケットをはずした豆電球と，かん電池をつなぎました。豆電球に明かりがつくものには○を，つかないものには×をかきましょう。

① (　　　)
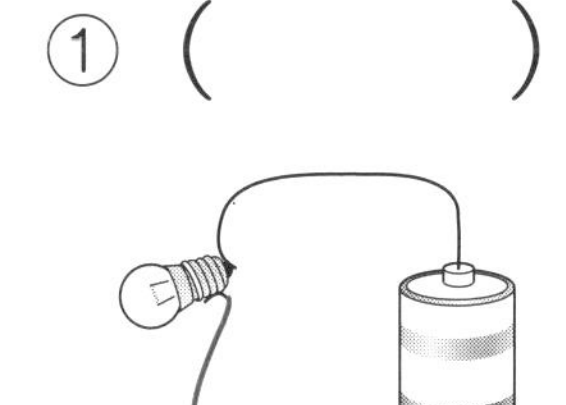

② (　　　)
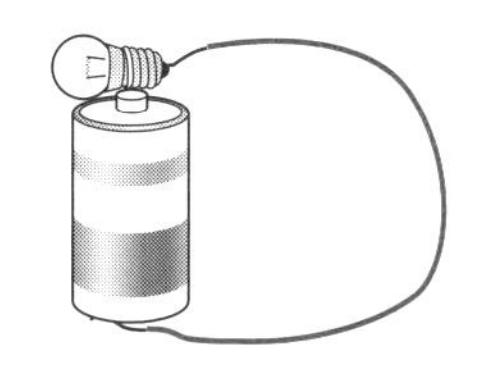

③ (　　　)

④ (　　　)

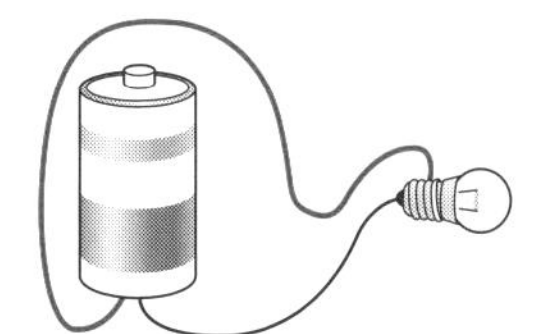

⑤ (　　　)
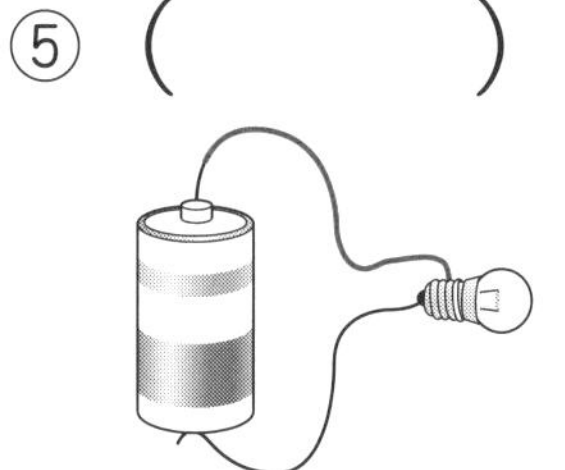

⑥ (　　　)
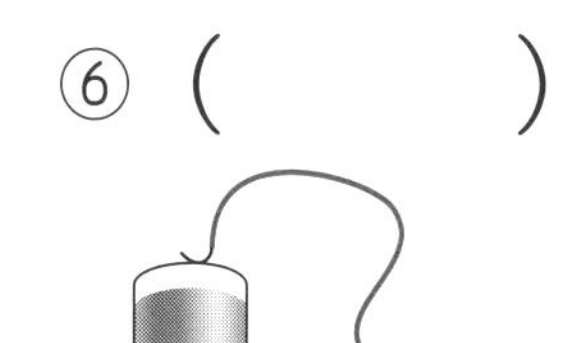

電気で明かりをつけよう

電気を通す物

答えはべっさつ13ページ

①～④：10点　⑤～⑦：20点

おぼえよう

回路のとちゅうに，どう線いがいの物をつないで，豆電球に明かりがつくかどうかを調べました。□にあてはまることばをかきましょう。

明かりがついた物	明かりがつかなかった物
スプーン（鉄） クリップ（鉄） 10円玉（①　　） アルミニウムはく はさみのはの部分（鉄） 鉄のかんの色をはがしたところ ← 色をはがすと銀色の鉄が見える。	スプーン（プラスチック） クリップ（プラスチック） ノート（②　　） コップ（ガラス） はさみの持つところ（プラスチック） 鉄のかんの色がついているところ

どれも，③　　とよばれる物でできている。

プラスチックや紙など，④　　いがいの物でできている。

金ぞくは電気を⑤　　が，金ぞくいがいのもの（プラスチックや紙など）は電気を⑥　　。

ことばのかくにん

・⑦　　：鉄やどうやアルミニウムなど。電気を通す。

電気で明かりをつけよう

電気を通す物

▶▶▶ 答えはべっさつ13ページ

(1) 1問10点　(2) 10点

1 次の①～⑨を使って，電気を通すかどうかを調べました。

(1) 電気を通す物には○を，通さない物には×をかきましょう。

①わりばし

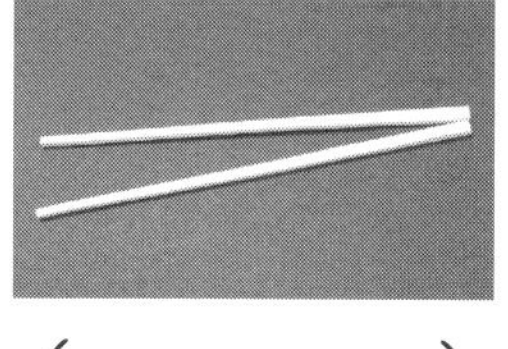

(　　　　)

②ガラスのコップ

(　　　　)

③消しゴム

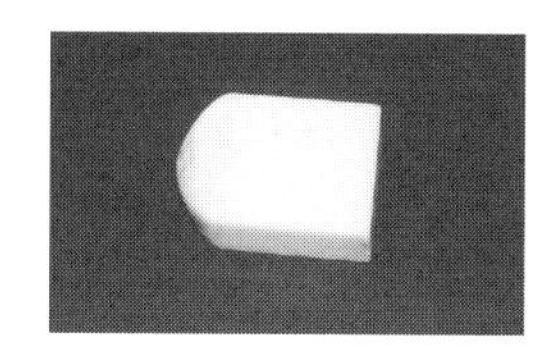

(　　　　)

④鉄のくぎ

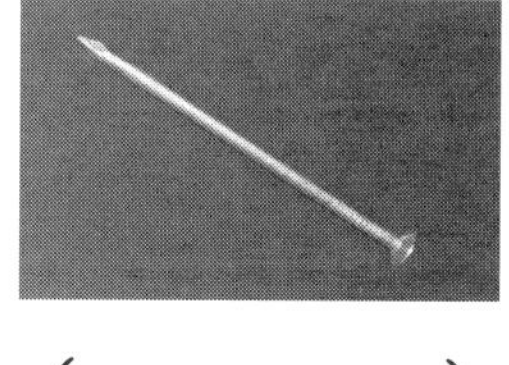

(　　　　)

⑤プラスチックのものさし

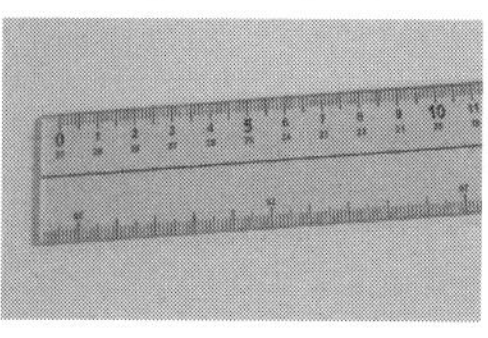

(　　　　)

⑥アルミニウムはく

(　　　　)

⑦ノート

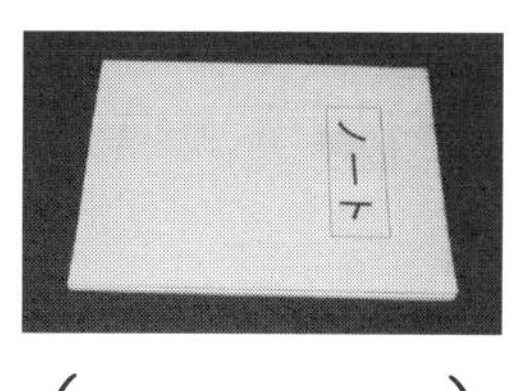

(　　　　)

⑧鉄の空きかんの色のあるところ

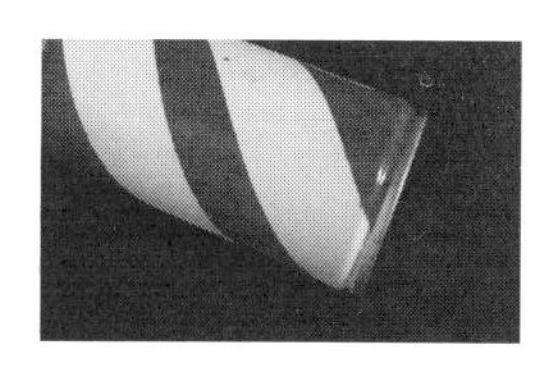

(　　　　)

⑨鉄の空きかんの色をはがしたところ

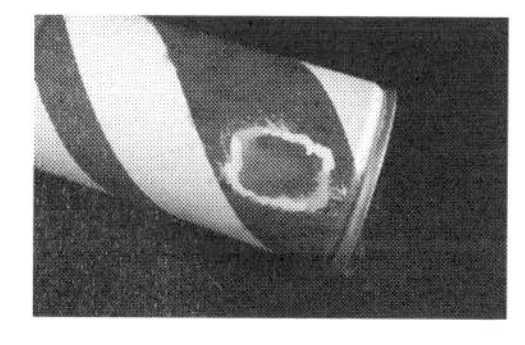

(　　　　)

(2) (1)の電気を通した物をまとめて，何といいますか。

(　　　　　　)

勉強した日  月  日

63 電気で明かりをつけようのまとめ

▶▶▶ 答えはべっさつ14ページ

1：1問20点　**2**：1つ20点

点数　点

1 次(つぎ)の①～③のように豆電球(まめでんきゅう)とかん電池をつなぎました。豆電球に明かりがつくものには○を，つかないものには×をかきましょう。

①（　　　）　②（　　　）　③（　　　）

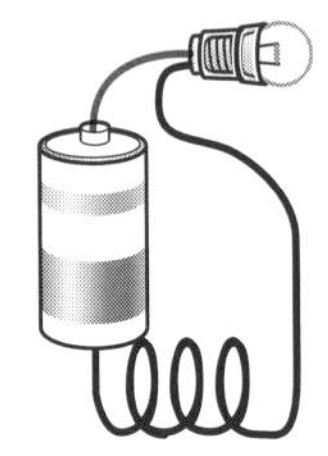

2 右の図のように，豆電球とかん電池をつなぎましたが，明かりがつきませんでした。明かりがつかないわけとして考えられるもの２つに○をつけましょう。

①（　　）ソケットの中で豆電球がゆるんでいた。

②（　　）豆電球のフィラメントが切れていた。

③（　　）かん電池の＋極(プラスきょく)と－極(マイナスきょく)が反対(はんたい)になっていた。

④（　　）かん電池が新しいものだった。

電気で明かりをつけようのまとめ

出てくることばは何？

▶▶▶答えはべっさつ14ページ

問題（もんだい）をといて，答えにあるカタカナをじゅんにならべましょう。

①
かん電池の＋極（プラスきょく）→豆電球（まめでんきゅう）→かん電池の－極（マイナスきょく）がつながっているとき，豆電球の明かりは？

②
電気を通すものを何という？

③
わのようにつながった電気の通り道を何という？

④
フィラメントが切れているとき，豆電球の明かりは？

キ	つく
プ	つかない
ン	回路（かいろ）
ヤ	金ぞく

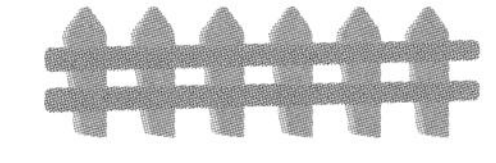

夏休みになったら，

①	②	③	④

に行こう！

勉強した日　月　日

じしゃくにつけよう
じしゃくにつく物

答えはべっさつ14ページ

①〜⑧：5点　⑨〜⑬：12点

点数　点

おぼえよう

いろいろな物(もの)を使(つか)って，じしゃくにつくかどうかを調(しら)べました。下の表(ひょう)で，じしゃくにつく物には○，つかない物には×をかきましょう。

調べた物	つくかどうか	調べた物	つくかどうか
アルミニウムの空きかん	①	鉄(てつ)の空きかん	②
紙のコップ	③	ガラスのコップ	④
鉄のくぎ	⑤	ストロー	⑥
木のつくえ	⑦	ノート	⑧

考えよう

[　　]にあてはまることばをかきましょう。

・[⑨　　]でできた物は，じしゃくにつく。

・⑨いがいの金ぞくは，じしゃくに[⑩　　]。 ← 10円玉やアルミニウムはくなど。

・紙やガラス，木などは，じしゃくに[⑪　　]。

・じしゃくと⑨の間にじしゃくにつかないものがあっても，じしゃくの力は[⑫　　]。 ← 本のようにあついものが間にあると，じしゃくの力ははたらかなくなる。

・じしゃくと⑨の間が少しはなれていても，じしゃくの力は[⑬　　]。 ← 間のきょりが遠くなると，じしゃくの力ははたらかなくなる。

じしゃくにつけよう

じしゃくにつく物

▶▶▶ 答えはべっさつ14ページ

1：1問10点　**2**：1問5点

1 次の①〜⑨の物が，じしゃくにつくかどうかを調べました。じしゃくにつく物には○を，つかない物には×をかきましょう。

①わりばし　（　　　）
②ガラスのコップ　（　　　）
③消しゴム　（　　　）

④鉄のくぎ　（　　　）
⑤プラスチックのものさし　（　　　）
⑥アルミニウムはく　（　　　）

⑦ノート　（　　　）
⑧鉄の空きかん　（　　　）
⑨アルミニウムの空きかん　（　　　）

2 右の図のように，じしゃくと鉄のゼムクリップの間に，紙を１まいはさみました。次の問題に答えましょう。

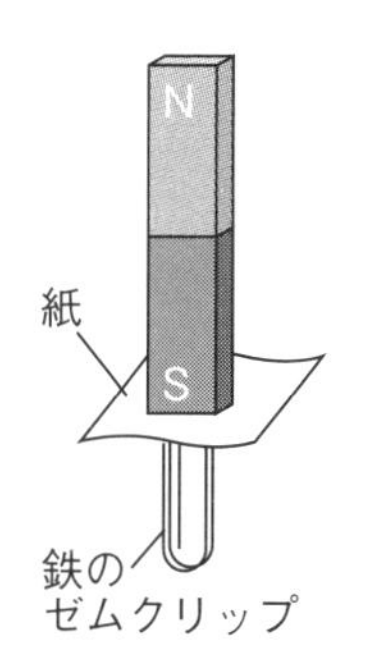

(1) クリップはじしゃくにつきますか。

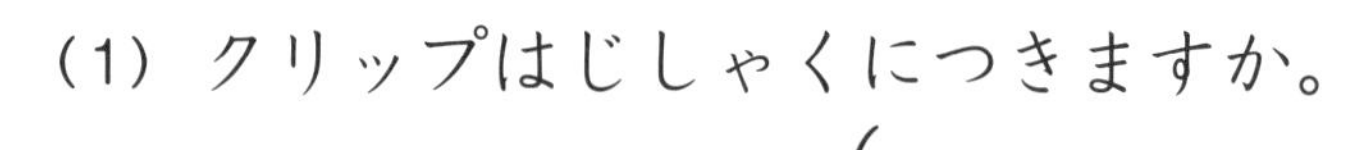

（　　　　）

(2) 紙をあつい本にかえると，クリップはじしゃくにつきますか。　（　　　　）

じしゃくにつけよう
じしゃくのせいしつ

▶▶▶ 答えはべっさつ14ページ

①:10点　②～⑤:1問20点　⑥:10点

おぼえよう！

じしゃくのせいしつについて，［　　］にあてはまることばをかきましょう。

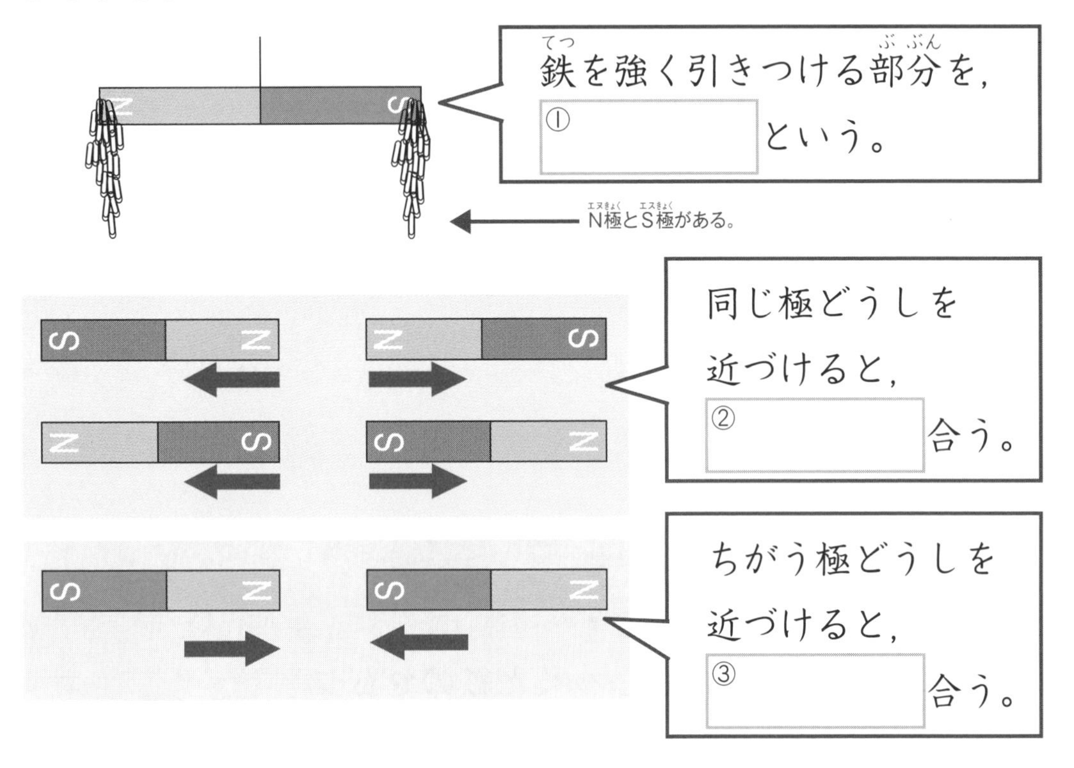

・自由に動けるようにしたじしゃくは，N極が④［　　］をさして止まる。 ← 方位じしんはこのせいしつをりようしている。

・鉄をじしゃくにつけると，鉄が⑤［　　］になる。

ことばのかくにん

・⑥［　　］：鉄を強く引きつける部分。

じしゃくにつけよう
じしゃくのせいしつ

▶▶▶ 答えはべっさつ15ページ

1：1問10点　**2**：1問20点

1 じしゃくに鉄ぷん（鉄のこな）をふりかけて，じしゃくを持ち上げました。次の問題に答えましょう。

(1) 鉄ぷんはどのようにつきますか。次の**ア**～**ウ**からえらびましょう。　（　　　　）

ア　　**イ**　　**ウ**

(2) 鉄ぷんのついた部分を何といいますか。　（　　　　）

2 次のじしゃくのせいしつについて，あてはまるものを下の**ア**，**イ**からそれぞれえらびましょう。

①じしゃくのN極に近づけると，引き合う極。　（　　　　）

②じしゃくのN極に近づけると，しりぞけ合う極。　（　　　　）

③じしゃくが自由に動けるようにしたとき，北をさす極。　（　　　　）

④じしゃくが自由に動けるようにしたとき，南をさす極。　（　　　　）

ア　N極　　**イ**　S極

じしゃくにつけようのまとめ

▶▶▶ 答えはべっさつ15ページ

(1)～(3) 1問20点　(4) 1つ20点

1 右の図のように，じしゃくに鉄(てつ)のくぎをつけました。次(つぎ)の問題(もんだい)に答えましょう。

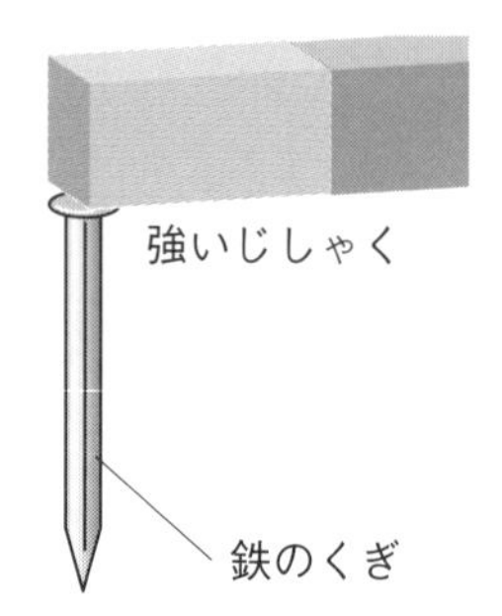

(1) 鉄のくぎがついている部分(ぶぶん)を何といいますか。　(　　　　　)

(2) じしゃくから鉄のくぎをはなして，くぎに鉄のゼムクリップを近づけると，ゼムクリップは引きつけられますか，引きつけられませんか。　(　　　　　)

(3) 鉄のくぎをプラスチックのクリップにかえて，じしゃくに近づけると，クリップはじしゃくにつきますか，つきませんか。　(　　　　　)

(4) じしゃくのせいしつについて，正しいもの２つに○をつけましょう。

① (　　) じしゃくはすべての物(もの)につく。

② (　　) じしゃくは金ぞくであれば何にでもつく。

③ (　　) じしゃくは鉄にだけつく。

④ (　　) じしゃくについた鉄のくぎは，じしゃくになる。

⑤ (　　) じしゃくについた鉄のくぎは，じしゃくにはならない。

70

じしゃくにつけようのまとめ

じしゃくで魚つり

答えはべっさつ15ページ

さおの先にはじしゃくがついています。
つれた魚を大きいじゅんにならべると
どんなことばができるかな？

物の重さを調べよう

重さのはかり方

▶▶▶ 答えはべっさつ15ページ

①～③：20点　④～⑦：10点

おぼえよう

次(つぎ)の□にあてはまることばや数字をかきましょう。

＜台ばかりの使い方＞

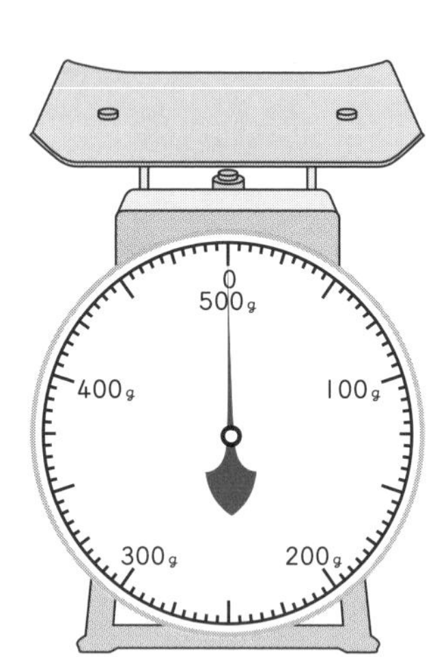

❶ 台ばかりを ① □ なところにおいて，はりが ② □ をさしていることをかくにんする。

❷ 重(おも)さをはかる物(もの)を台の上にしずかにのせ，はりがさす目もりを ③ □ から読む。

↑ はりがどこをさしているかがいちばん正しく見える。

＜電子てんびんの使い方＞

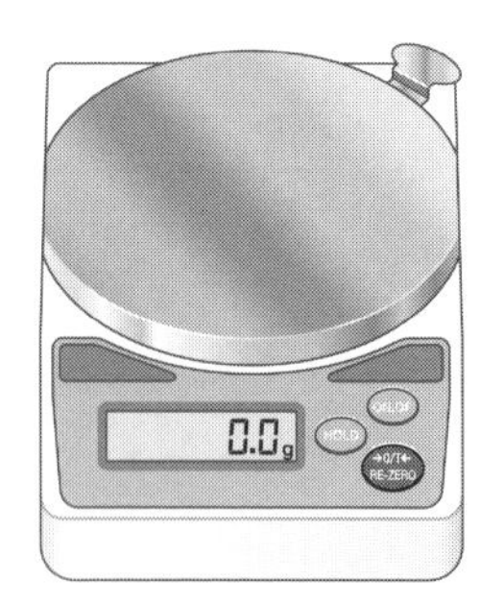

❶ 電子てんびんを ④ □ なところにおく。

❷ 電子てんびんのスイッチを入れ，数字が ⑤ □ になっていることをたしかめてから，重さをはかる物を台の上にしずかにのせる。

・紙をしいて重さをはかるときは，紙を ⑥ □ から，「0g」にするボタンをおす。

・決められた重さより ⑦ □ 物はのせない。

物の重さを調べよう

重さのはかり方

▶▶▶ 答えはべっさつ16ページ

1：(1) 10点　(2) 1問20点　**2**：1問15点

1 台ばかりについて，次の問題に答えましょう。

(1) 台ばかりは，どんなところにおいて使いますか。次の**ア**・**イ**からえらびましょう。　(　　　　)

ア　平らなつくえの上　　**イ**　どこにおいて使ってもよい

(2) ①～③の台ばかりはそれぞれ何gをさしていますか。

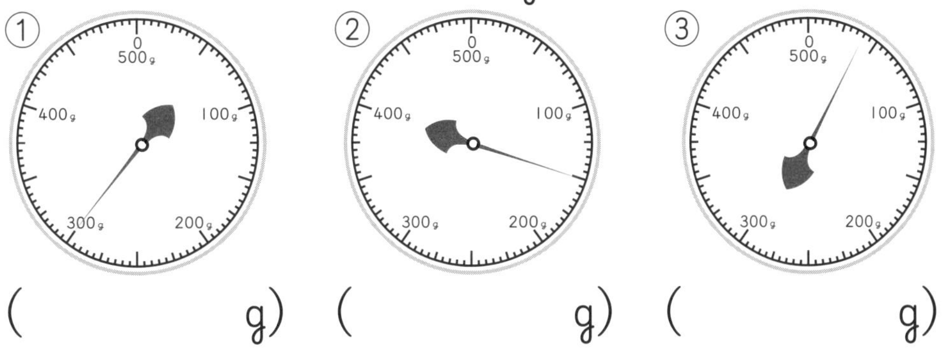

(　　　　g)　(　　　　g)　(　　　　g)

2 右の図のように，電子てんびんを使って水の重さをはかろうと思います。次の問題に答えましょう。

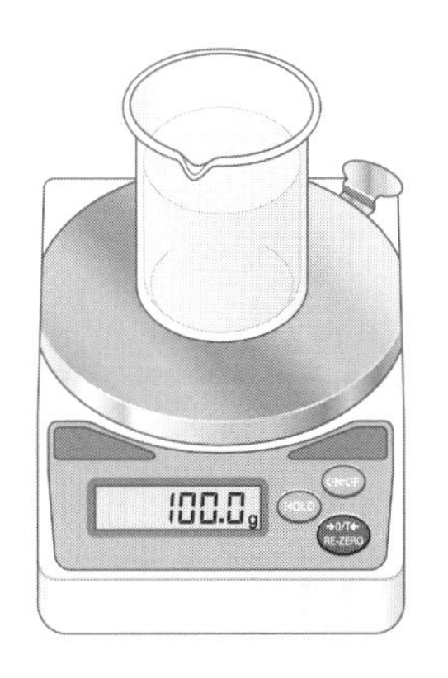

(1) 電子てんびんは，どのようなところにおいて使いますか。

(　　　　　　　　)

◇チャレンジ◇

(2) 上の図のように，スイッチを入れてから，水を入れた入れ物を電子てんびんにのせても，正しい水の重さをはかれません。その理由をかきましょう。

(　　　　　　　　　　　　)

物の重さを調べよう

物の形と重さ

▶▶▶ 答えはべっさつ16ページ

点数 点

①～⑤：15点　⑥：25点

おぼえよう

ねん土のおき方や形をかえて，重さを調べました。［　　］にあてはまる数字やことばをかきましょう。

＜おき方をたてから横にかえたとき＞

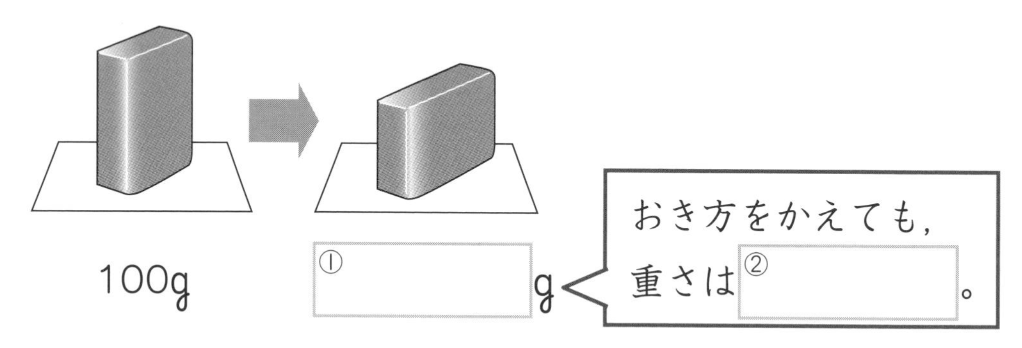

＜形を丸から平らにしたときや細かく分けたとき＞

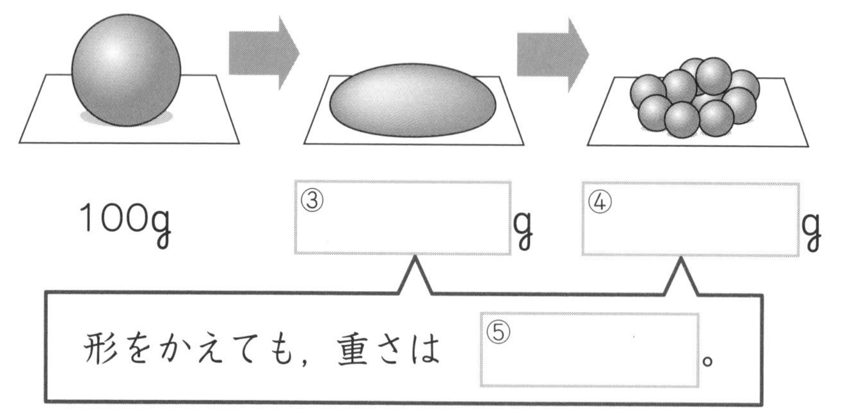

考えよう

［　　］にあてはまることばをかきましょう。

・体重計に立って体重をはかったときと，体重計にしゃがんで体重をはかったときでは，体重は⑥［　　］。

物の重さを調べよう

物の形と重さ

▶▶▶ 答えはべっさつ16ページ

1問20点

1 同じしゅるいのねん土を使(つか)って，重(おも)さを調(しら)べました。重さが同じものには○を，重さがちがうものには×をかきましょう。

①形をかえた，同じ大きさのねん土　（　　　　）

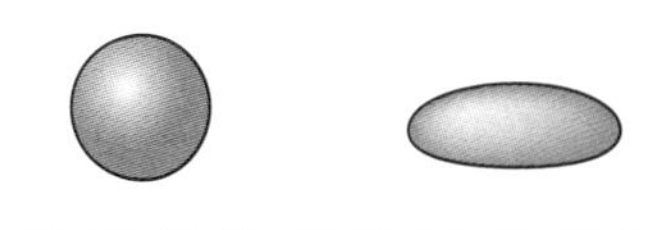

②形は同じで，大きさのちがうねん土　（　　　　）

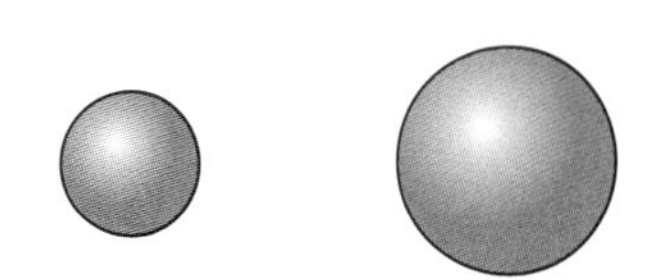

③大きさは同じで，おき方をかえたねん土　（　　　　）

④大きさはかえて，おき方を同じにしたねん土
（　　　　）

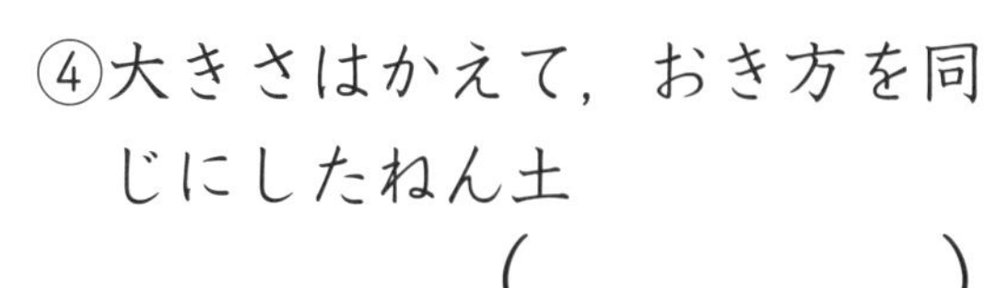

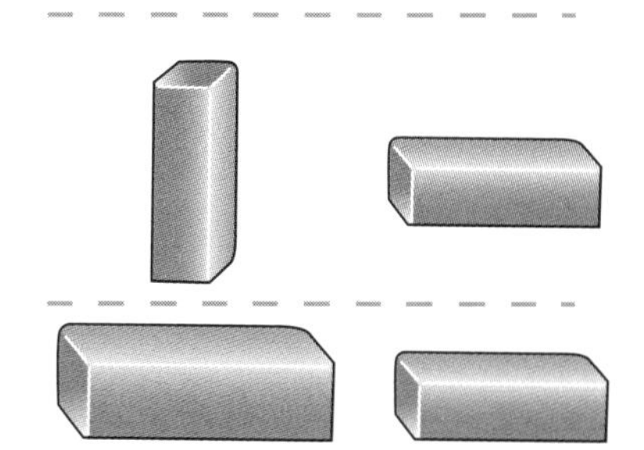

2 １まいのアルミニウムはくをア～ウのようにして，重さくらべをしました。重さがちがうなら重いじゅんに記号(きごう)をかきましょう。重さが同じなら「同じ」とかきましょう。

（　　　　）

ア　広げる

アルミニウムはく

イ　まるめる

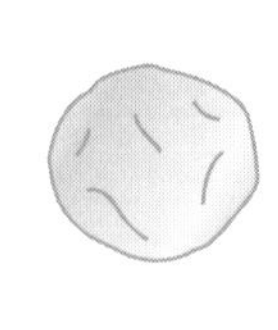

ウ　細かく分ける

物の重さを調べよう
物の体積と重さ

▶▶▶ 答えはべっさつ16ページ

1問20点

おぼえよう

同じ体積(たいせき)のしおとさとうの重(おも)さを調(しら)べました。［　］にあてはまることばをかきましょう。

<じっけんのけっか>

調べた物(もの)	重さ
しお	110g
さとう	54g

体積が同じでも，物によって重さは①［　　　］。

考えよう

同じ体積のゴム，木，鉄(てつ)の重さを調べました。［　］にあてはまることばをかきましょう。

<じっけんのけっか>

調べた物	重さ
ゴム	60g
木	15g
鉄	300g

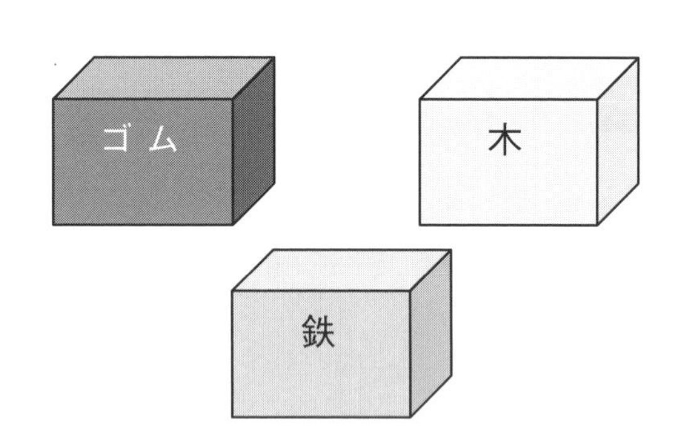

・同じ体積でくらべると，②［　　　］がいちばん重く，次(つぎ)が③［　　　］で，④［　　　］がいちばん軽(かる)い。

ことばのかくにん

・⑤［　　　］：物のかさのこと。

物の重さを調べよう

物の体積と重さ

答えはべっさつ16ページ

点数　　点

1：(1)(2)1問10点　(3)20点　2：1問20点

1 同じ大きさの入れ物(もの)に入っている，さとうとしおがあります。次(つぎ)の問(もん)題(だい)に答えましょう。

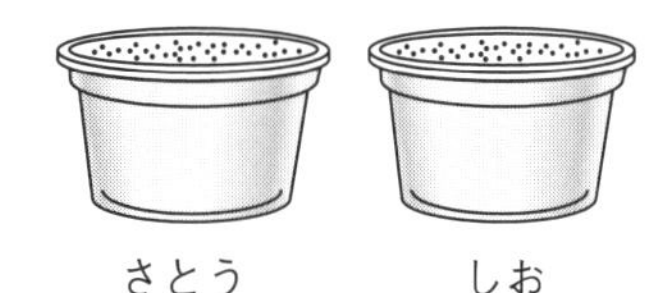

(1) 物のかさのことを何といいますか。

(　　　　　)

(2) 図のさとうとしおの(1)は同じですか，ちがいますか。

(　　　　　)

(3) 図のさとうとしおの重(おも)さをはかりました。重さは同じですか，ちがいますか。　(　　　　　)

2 同じ体積(たいせき)のゴム，木，鉄(てつ)の重さを調(しら)べました。右の表(ひょう)はそのけっかです。このじっけんからわかることをまとめた文の(　　)にあてはまることばをかきましょう。

調べた物	重さ
ゴム	60g
木	15g
鉄	300g

(　　　　　)が同じでも，物のしゅるいがちがうと，重さは(　　　　　)。

調(しら)べたゴムの重さは60gだが，体積を２倍(ばい)にすると，重さは(　　　　)gになる。

勉強した日　月　日

77 物の重さを調べようのまとめ

▶▶▶ 答えはべっさつ16ページ

1問20点

1 ねん土の形をかえて，電子てんびんで重(おも)さをはかりました。次(つぎ)の問題(もんだい)に答えましょう。

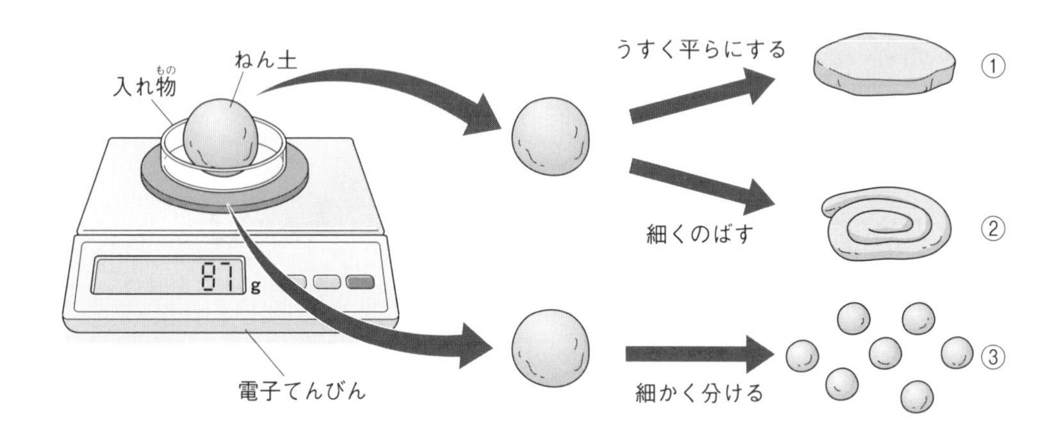

(1) 電子てんびんは，どのようなところにおいて使(つか)いますか。次の**ア**～**ウ**からえらびましょう。　(　　　)

ア　やわらかいぬのの上

イ　平(たい)らなつくえの上

ウ　どこにおいてもよい。

(2) 形をかえる前のねん土の重さは何gですか。

(　　　　)

(3) ①～③のねん土の重さを，次の**ア**～**ウ**からえらびましょう。

①(　　　)　②(　　　)　③(　　　)

ア　(2)より軽(かる)い。

イ　(2)と同じ。

ウ　(2)より重い。

小学理科　理科問題の正しい解き方ドリル　3年・べっさつ

答えとおうちのかた手引き

春のしぜん

1 しぜんのかんさつ

本さつ4ページ

おぼえよう　①目　②見る物　③虫めがね
④名前　⑤大きさ

ポイント

虫めがねの使い方では，見る物が動かせるかどうかがポイントになります。見る物が動かせるときは見る物，見る物が動かせないときは虫めがねを動かします。
記ろくカードをかくときは，調べた物の絵や文のほかに，じっさいの大きさや色，形もかいておくとよいでしょう。また，動物を記ろくするときは，何をしていたかもかいておきましょう。

春のしぜん

2 しぜんのかんさつ

本さつ5ページ

1　(1)イ　(2)(れい)虫めがねで太陽を見る。

2　①×　②○　③×　④○

ポイント

1　(1)虫めがねでかんさつするときは，見る物を前後に動かしてかんさつします。見る物が動かせないときは，目に近づけたまま虫めがねを前後に動かしてかんさつします。
(2)虫めがねで太陽を見ると目をいためるので，ぜったいにしてはいけません。

2　かんさつした植物や動物の名前などのテーマ(題名)は，記ろくカードに記ろくします。記ろくカードには，このほかに，調べた月日，調べた人の名前，調べた生き物のようす，調べてわかったことや感そうなどをかきます。調べた物のようすは，絵でかいて色をつけたり，文でせつめいしたりします。

春のしぜん

3 植物・動物のすがた

本さつ6ページ

おぼえよう　①チューリップ
②③アブラナ，タンポポ　④チューリップ
⑤シロツメクサ

考えよう　⑥モンシロチョウ　⑦クロオオアリ
⑧ダンゴムシ　⑨ナナホシテントウ

ポイント

アブラナ，シロツメクサ，タンポポは校庭や道ばたでよく見られる植物です。チューリップは，花だんなどに植えられていることが多い植物です。
モンシロチョウは，花のみつをすいます。クロオオアリは，えさを土の中のすまで運びます。ダンゴムシは，石の下などのしめっていて，太陽の光が当たらないところをこのみます。ナナホシテントウは，アブラムシなどを食べます。

春のしぜん

4 植物・動物のすがた

本さつ7ページ

1　ア，オ，カ

2　(1)ウ　(2)イ　(3)ウ

ポイント

1　アジサイはつゆのころに花がさきます。アサガオとヒマワリは夏に花がさきます。

2　写真の花はシロツメクサで，花にとまっている虫はチョウのなかまです。チョウは，花のみつをすいます。チョウと同じように花によってきて，みつを集めるのは，ミツバチです。ダンゴムシは石の下などにいて，おち葉などを食べています。

植物を育てよう (1)

たねをまこう

▶▶▶ 本さつ8ページ

おぼえよう ①ホウセンカ　②ヒマワリ
③マリーゴールド

考えよう ④土　⑤あな　⑥たね　⑦土　⑧水

ポイント

ホウセンカのたねは小さくて，こげ茶色で，ヒマワリのたねは白色と黒色のしまもようです。マリーゴールドのたねは細長い形をしています。

植物を育てよう (1)

たねをまこう

▶▶▶ 本さつ9ページ

1 (1)

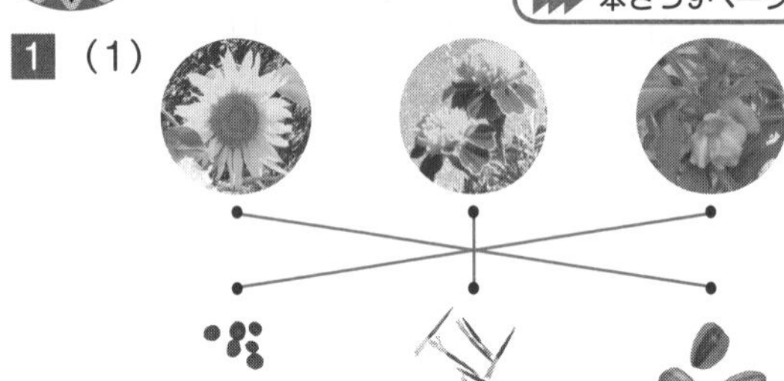

(2)イ　(3)ウ

ポイント

(2) ヒマワリのように，大きなたねをまくときは，土にゆびであさいあなをあけ，その中にたねを入れます。ウのようにふかいところにたねを入れると，めが出てきません。
(3) たねをまいた後は，土がかわかないように，ときどき水をやります。

植物を育てよう (1)

めが出た後のようす

りかい

▶▶▶ 本さつ10ページ

おぼえよう ①め　②子葉　③葉

考えよう ④2　⑤ちがう　⑥子葉
⑦草たけ〔くき〕

ことばのかくにん ⑧子葉

ポイント

たねをまくと，めが出てきます。そして，子葉とよばれる葉が出てきます。その後，子葉と色や形がちがう葉が出てきます。子葉の数は，植物のしゅるいによってちがいます。

植物を育てよう (1)

めが出た後のようす

練習

▶▶▶ 本さつ11ページ

1 (1)子葉　(2)②　(3)①
(4)ウ　(5)イ

ポイント

(1)(2) 丸い形をしていて，2まいある②がはじめに出てくる子葉です。子葉の後に出てくる①の葉は，色や形が子葉とはちがっています。
(3) 植物が育っていくと数がふえるのは，①の葉です。子葉は数がふえたり大きくなったりしません。
(5) 草たけは，植物の高さのことなので，地面からいちばん上の葉のつけ根までの高さをはかります。

植物を育てよう (1) のまとめ

▶▶▶ 本さつ12ページ

1 (1)春　(2)ア　(3)ア　(4)子葉
(5)2(まい)

ポイント

(1) ホウセンカのたねは，4月の終わりから5月の終わりごろにまきます。
(2) ホウセンカのたねは小さいので，土にあなはあけません。たねを土の上において，少し土をかけます。

チョウを育てよう

チョウの成長

▶▶▶ 本さつ13ページ

おぼえよう ①キャベツ　②よう虫
③たまごのから　④キャベツ　⑤緑　⑥大き
⑦さなぎ　⑧せい虫

考えよう ⑨あな　⑩キャベツ

ポイント

モンシロチョウは，キャベツの葉にたまごをうみつけ，よう虫はキャベツの葉を食べて育っていきます。たまごからかえったばかりのよう虫は黄色ですが，葉を食べるようになると緑色になります。皮をぬぐたびに大きくなり，やがてさなぎになります。さなぎになって2週間ぐらいたつと，中からせい虫が出てきます。

チョウを育てよう
11 チョウの成長

練習

▶▶▶本さつ14ページ

1 (1)ウ　(2)エ　(3)(れい)皮をぬいで
(4)(れい)ふたに小さなあなをいくつか開ける。

ポイント

(1)モンシロチョウは，キャベツの葉のうらにたまごをうみつけます。ミカンの葉にたまごをうみつけるのはアゲハ，クワの葉にたまごをうみつけるのはカイコガです。
(2)モンシロチョウのたまごは，1mm ぐらいの大きさで，先がとがっています。
(3)よう虫は皮をぬぐたびに大きくなっていきます。モンシロチョウは，4回皮をぬいだ後，からだに糸をかけてさなぎになります。
(4)モンシロチョウのよう虫などをかうときは，入れ物のふたにいくつかのあなを開けて，空気が出入りできるようにしておきましょう。

チョウを育てよう
12 チョウの成長

練習

▶▶▶本さつ15ページ

1 (1)さなぎ　(2)ア　(3)ア
(4)イ (→) エ (→) ウ (→) ア

ポイント

(1)(2)よう虫はからだに糸をかけて，皮をぬぎ，さなぎになります。さなぎは動きません。また，さなぎの間は何も食べません。
(3)出てきたばかりのせい虫のはねはたたまれているので，はねがのびてとべるようになるまで，じっとしています。

チョウを育てよう
13 チョウのせい虫を調べよう

りかい

▶▶▶本さつ16ページ

おぼえよう ①頭　②むね　③はら　④しょっかく
⑤目　⑥口

考えよう ⑦⑧⑨頭，むね，はら　⑩6　⑪4
⑫むね

ことばのかくにん ⑬こん虫

ポイント

モンシロチョウのからだは，頭，むね，はらの3つに分かれています。頭にはしょっかくや目，口があります。むねには6本のあしがついています。このようなからだのつくりをしている動物を，こん虫といいます。アリのように，はねのないこん虫や，はねが2まいのこん虫もいます。

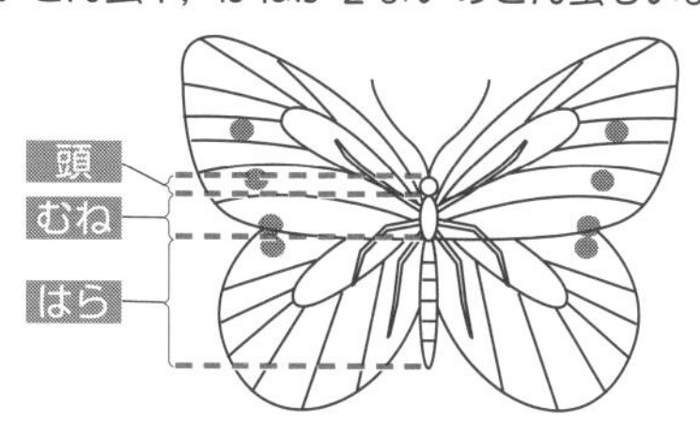

チョウを育てよう
14 チョウのせい虫を調べよう

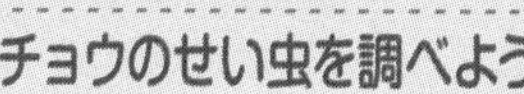

練習

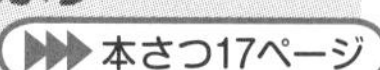
▶▶▶本さつ17ページ

1 (1)ウ　(2)むね　(3)6(本)　(4)こん虫
(5)目，しょっかく

ポイント

(1)~(3)モンシロチョウのからだは，頭，むね，はらの3つの部分に分かれています。あしは6本あり，すべてむねについています。
(4)からだが，頭，むね，はらに分かれていて，むねにあしが6本ついている動物をこん虫といいます。あしの数が6本より多くても少なくても，その動物はこん虫ではありません。
(5)こん虫のからだで，わたしたちの目や耳のようなはたらきをしているのは，目としょっかくです。

15 チョウを育てようのまとめ

▶▶▶本さつ18ページ

1 (1)

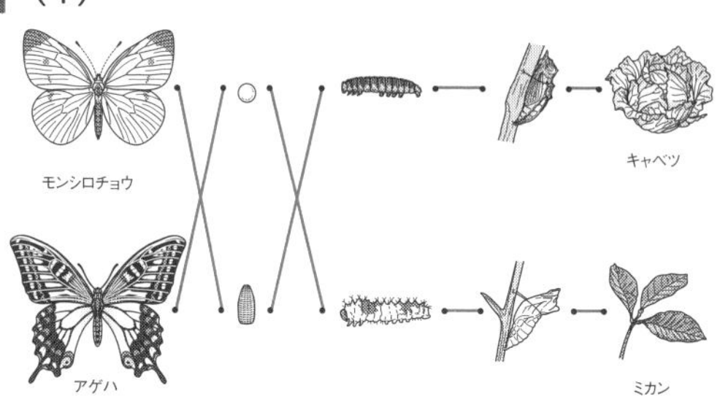

(2)ウ

(3)

ポイント

(1)(2)モンシロチョウのたまごは先がとがっています。よう虫はあおむしともよばれ，キャベツの葉を食べます。
アゲハのたまごは丸い形をしています。よう虫は鳥のふんによくにていて，ミカンの葉を食べます。
どちらもせい虫になると，花のみつをすうようになります。
(3)アゲハもこん虫のなかまなので，あしはむねに6本ついています。

16 チョウを育てようのまとめ ゴールをめざせ！

本さつ19ページ

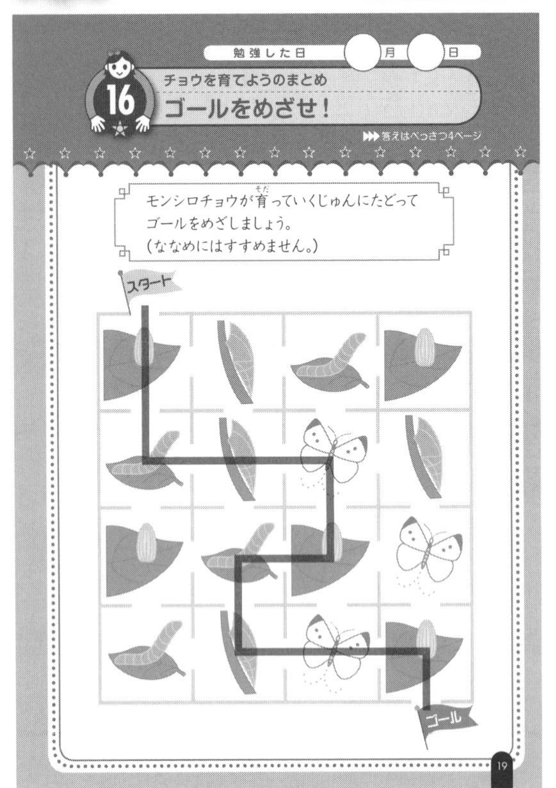

17 植物を育てよう(2) 植物の育ち方

りかい

本さつ20ページ

おぼえよう ①葉 ②ひりょう

考えよう ③少な ④高 ⑤多 ⑥太

ポイント

ホウセンカが大きくなって，葉が4～6まいになったら，花だんやプランターなどの広いところに植えかえます。植えかえる前に，土をたがやしてひりょうを入れておくとよいでしょう。
植物は，大きく育つにつれて，草たけが高くなり，葉の数がふえます。また，くきが太くじょうぶになります。

18 植物を育てよう(2) 植物の育ち方

練習

本さつ21ページ

1 (1)イ(→)エ(→)ウ(→)ア
(2)子葉 (3)ウ (4)イ

ポイント

(1)ホウセンカの育つじゅんは，次のとおりです。
① たねをまく。
② めが出て，2まいの子葉が出る。
③ 子葉とは色や形がちがう葉が出る。
④ 草たけが高くなり，葉の数がふえる。
(3)子葉は，大きさが大きくなったり，数がふえたりはしません。植物が育つと，そのうちしおれてかれてしまいます。

19 植物を育てよう(2) 植物のからだのつくり

りかい

本さつ22ページ

おぼえよう ①葉 ②くき ③根

考えよう ④⑤⑥葉，くき，根 ⑦葉 ⑧根
⑨ちがう ⑩同じ

ポイント

植物のからだは，葉，くき，根などからできています。葉はくきについていて，根はくきの下にあります。からだのつくりはどの植物も同じですが，葉や根の形は植物のしゅるいによってちがいます。

植物を育てよう（2）

20 植物のからだのつくり

▶▶▶本さつ23ページ

1 （1）①…葉　②…くき　③…根　（2）③
（3）①，②，③　（4）ア

ポイント

（1）～（3）植物のからだは，葉，くき，根などからできています。葉，くき，根は，ツユクサやナズナなどの植物にもあります。また，根はふつう土の中にあって，水などをとりこむはたらきをしています。

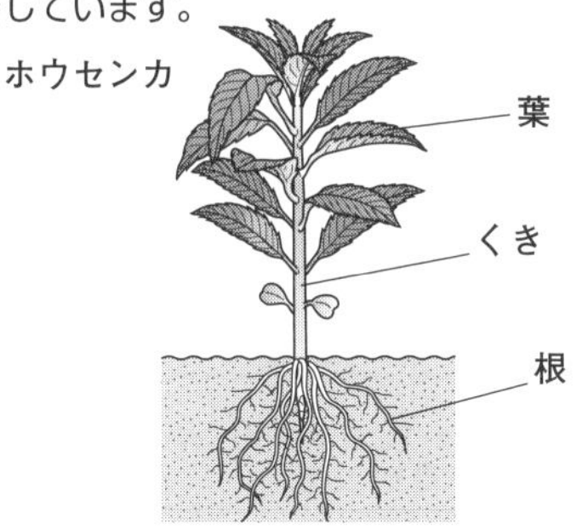

（4）ホウセンカを上から見ると，それぞれの葉がかさなり合わないようについています。これは，葉に太陽の光をたくさん受けることができるようにするためです。

いろいろなこん虫

21 こん虫のなかまをさがそう

▶▶▶本さつ24ページ

おぼえよう　①②③頭，むね，はら　④むね
⑤6　⑥はね　⑦ちがう

考えよう　⑧はね　⑨こん虫　⑩土

ポイント

せい虫のからだが，頭，むね，はらに分かれていて，あしがむねに6本ついている動物をこん虫といいます。せい虫がこのようなからだのつくりをしていれば，はねがあってもなくても，こん虫のなかまということができます。

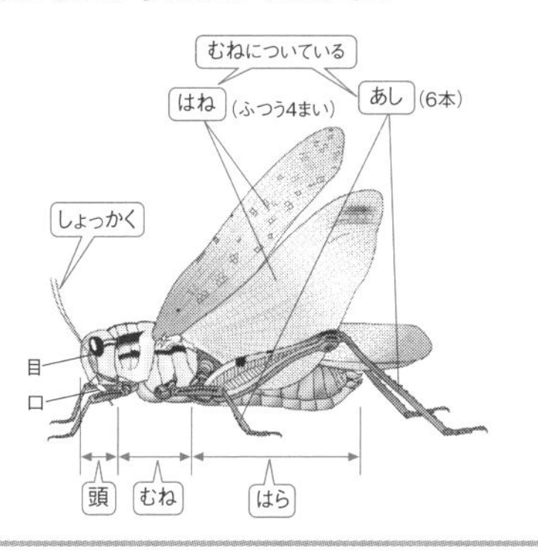

いろいろなこん虫

22 こん虫のなかまをさがそう

▶▶▶本さつ25ページ

1 （1）イ　（2）①…目　②…しょっかく
（3）③…頭　④…むね　⑤…はら
（4）ア，エ

ポイント

（1）トンボのせい虫は，カやハエ，ハチなどのとぶこん虫を食べているので，野原に見られます。また，たまごをうむ時期になると，水中にたまごをうむため，池や川の近くで見られます。
（3）トンボは，こん虫のなかまで，からだが頭・むね・はらの3つの部分に分かれています。
（4）クモは，からだが2つの部分に分かれ，あしが8本あります。ダンゴムシは，あしがふつう14本あります。

いろいろなこん虫

23 いろいろなこん虫の一生

▶▶▶本さつ26ページ

おぼえよう　①たまご　②よう虫　③さなぎ
④たまご　⑤よう虫　⑥さなぎ

考えよう　⑦水　⑧よう虫
⑨⑩イトミミズ，あかむし

ポイント

たまご→よう虫→さなぎ→せい虫と育つこん虫と，たまご→よう虫→せい虫と育つこん虫がいます。モンシロチョウやアゲハ，カブトムシはさなぎになります。トンボやバッタ，セミはさなぎになりません。
トンボは水の中にたまごをうむので，入れ物には水と土のりょうほうを入れておきます。また，たまごからかえったよう虫（やご）は，せい虫になるとき，水から出て木のえだなどにとまるので，木のぼうも立てておきます。

いろいろなこん虫

24 いろいろなこん虫の一生

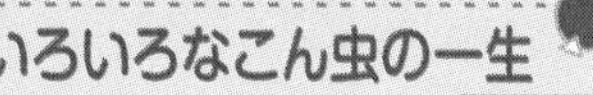

▶▶▶本さつ27ページ

1 （1）①…エ　②…ア　③…イ　（2）水の中
（3）やご　（4）イ，ウ

ポイント

(1) トンボは，さなぎにはならず，たまご→よう虫→せい虫と育ちます。
(3) トンボのよう虫は，やごとよばれます。
(4) アはクワガタ，イはセミ，ウはバッタ，エはモンシロチョウです。このうち，セミとバッタは，トンボと同じようにさなぎになりません。

25 いろいろなこん虫のまとめ

▶▶▶本さつ28ページ

1 (1)①，③　(2)②，④
(3)④…ア　⑥…ウ

ポイント

①はクモ，②はモンシロチョウ，③はダンゴムシ，④はクワガタ，⑤はバッタ，⑥はトンボです。
(1) こん虫とは，せい虫のからだが頭，むね，はらの3つに分かれていて，むねに6本のあしがついている動物のことです。クモとダンゴムシには6本よりたくさんあしがあるので，こん虫のなかまではありません。

26 いろいろなこん虫のまとめ ぬり絵ゲーム

▶▶▶本さつ29ページ

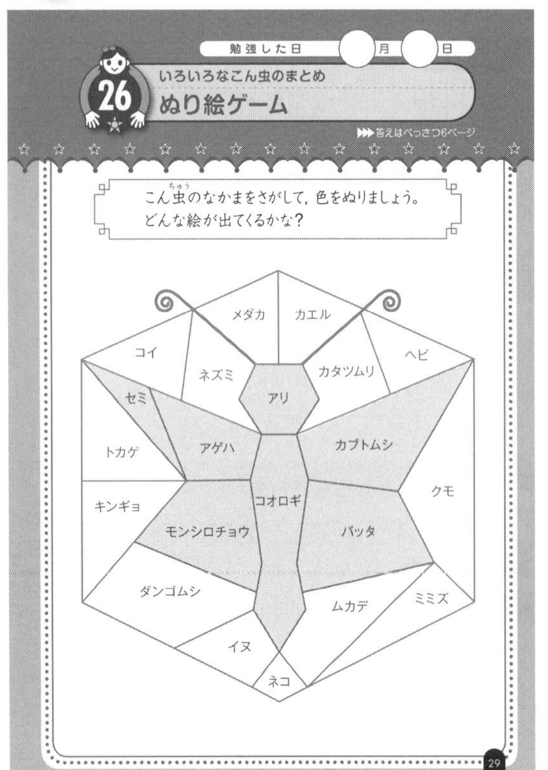

27 植物を育てよう (3) 花と実

▶▶▶本さつ30ページ

おぼえよう ①葉　②実　③たね

考えよう ④め　⑤葉　⑥花　⑦実

ポイント

ホウセンカの花は，くきのとちゅうについている葉のつけ根にさきます。そして，花がさいていたところに実ができます。
植物の一生は，次のとおりです。
❶ たねをまく。
❷ めが出て，子葉が出る。
❸ 子葉とは色や形がちがう葉が出る。
❹ 草たけが高くなり，葉の数がふえる。
❺ 花がさく。
❻ 実ができる。
❼ しおれて，かれる。

28 植物を育てよう (3) 花と実

練習

▶▶▶本さつ31ページ

1

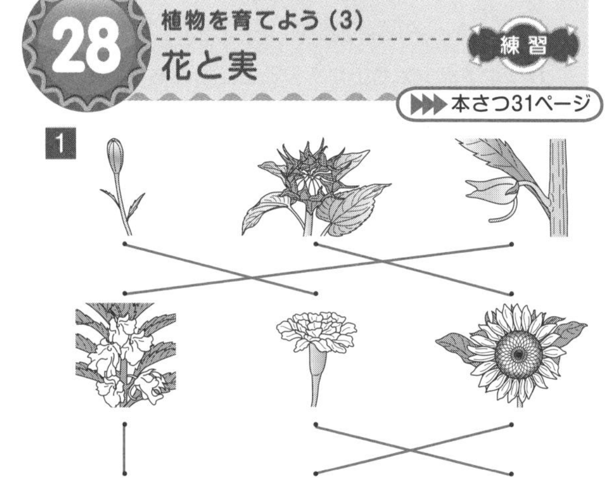

ホウセンカ　　ヒマワリ　　マリーゴールド

2 (1)イ　(2)たね

ポイント

1 ホウセンカの花は，くきのとちゅうについている葉のつけ根にさきますが，ヒマワリやマリーゴールドの花は，くきの先にさきます。
2 植物の実は，花がさいていたところにできます。また，実にはたねが入っていて，まくと次の年の春にめが出ます。

植物を育てよう (3)

29 花と実

▶▶▶本さつ32ページ

1 (1)ウ (→) ア (→) エ (→) イ

(2)(れい)しおれてかれる。 (3)イ

(4)出す。 (5)1(本)

ポイント

(1)(2) ホウセンカは，花がさいた後に実ができます。また，実ができると，しおれてかれてしまいます。
(3)(4) ホウセンカの実の中には，たねがたくさん入っていて，次の年の春にまくと同じようにめが出ます。
(5) 1つのたねからは1本のホウセンカが育ちます。

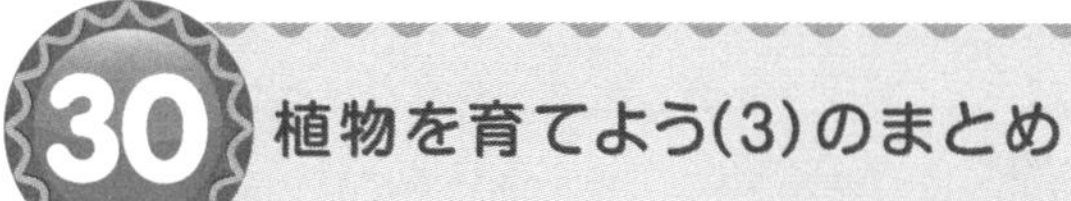

30 植物を育てよう(3)のまとめ

▶▶▶本さつ33ページ

1 (1)①…ア ②…ウ ③…イ ④…エ

(2)春

ポイント

(1) 記ろくカードにかかれた絵を見て，感そうや気づいたことをえらびましょう。
(2) できたたねは，前の年にたねをまいたのと同じころにまくとよいでしょう。①の記ろくカードの月日をヒントに考えると，春がよいとわかります。

植物を育てよう(3)のまとめ

31 ゴールの花は？

▶▶▶本さつ34ページ

太陽とかげの動き

32 かげのでき方

▶▶▶本さつ35ページ

おぼえよう ①日光 ②かげ ③できる ④できない

考えよう ⑤反対 ⑥同じ

ことばのかくにん ⑦日光 ⑧かげ

ポイント

太陽の光を日光といいます。日光をさえぎる物があると，太陽の反対がわにかげができます。かげは，晴れた日にはできますが，雨やくもりの日にはできません。

太陽とかげの動き

33 かげのでき方

▶▶▶本さつ36ページ

1 ②，③，⑥に○

2 (1)ア (2)ウ

ポイント

1 かげは，晴れた日に，日光をさえぎる物があると，太陽の反対がわにできます。

2 (1) かげは，太陽の反対がわにできるので，太陽は男の子のうしろにあります。
(2) 男の子のかげと鉄ぼうのかげは同じ向きにできるので，答えはウです。

太陽とかげの動き

太陽の動き

▶▶▶本さつ37ページ

おぼえよう ①水平 ②北 ③東 ④南 ⑤西 ⑥西 ⑦北 ⑧東

ポイント

方位じしんは，方位を調べる道具です。使い方は，次のとおりです。

❶ 手のひらやつくえに，水平になるようにおく。
❷ はりの色のついた方を，「北」という文字に合わせる。
❸ 調べたい方位を読みとる。

太陽は，東からのぼって，南の空を通り，西へしずみます。かげは，太陽とは反対がわにできるので，かげは，西から北を通って東へ動きます。

太陽とかげの動き

太陽の動き

▶▶▶本さつ38ページ

1 (1)方位じしん (2)イ (3)エ
(4)①…ア ②…イ

ポイント

(1) 図のような，方位を調べるときに使う道具を方位じしんといいます。
(2) 方位じしんは，手のひらやつくえ，地面などに，水平になるようにおいて使います。
(3) はりの色のついた方を，「北」という文字に合わせます。
(4) 南を向いて立つと，左手の方が東，右手の方が西になります。

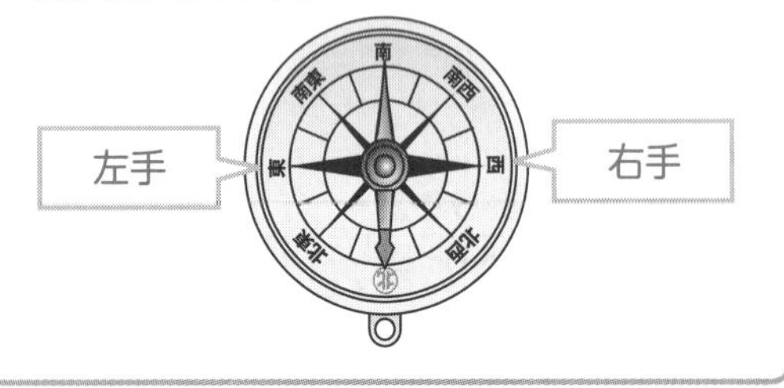

太陽とかげの動き

太陽の動き

▶▶▶本さつ39ページ

1 (1)① (2)④ (3)ウ
(4)東，南，西，西，北，東

ポイント

(1) かげは太陽の反対がわにできるので，ぼうの午前 9 時のかげの反対がわにある①が，午前 9 時の太陽のいちです。
(2) かげは，西から北を通って東へと動くので，⑤が正午のかげ，④が午後 3 時のかげになります。
(3) かげの長さは，太陽がもっとも高いところにある正午ごろにいちばん短くなります。
(4) 太陽は，東⇒南⇒西　と動きます。かげはその反対で，西⇒北⇒東　と動きます。
かげの動きを，西⇒南⇒東　としないように気をつけましょう。

太陽とかげの動き

温度計の使い方

▶▶▶本さつ40ページ

おぼえよう ①あたたかさ〔温度〕 ②直角 ③27 ④28

考えよう ⑤えきだめ ⑥地面〔土〕

ポイント

温度計は，えきだめにふれている土や水，空気などのあたたかさ〔温度〕をはかる道具です。
温度計の目もりを読むときは，温度計と目を直角にして，えきの先が動かなくなってから読みます。
えきだめの部分を直せつ手で持つと，手の温度で温度計があたたまってしまい，正しい温度をはかることができません。また，温度計で地面をほったり，かたいものにぶつけたりすると，温度計がわれてしまうので，気をつけましょう。

太陽とかげの動き

温度計の使い方

▶▶▶本さつ41ページ

1 (1)② (2)②，④に○
(3)①…14(℃) ②…17(℃)
③…21(℃)

ポイント

(1) 温度計の目もりを読むときは，温度計と目を直角にして読みます。
(2) 温度計に直せつ日光が当たったり，えきだめを手で持ったりすると，正しい温度がはかれません。
(3) ③えきの先が目もりのいちでないときは，近い方の目もりを読みます。

太陽とかげの動き 日なたと日かげ

▶▶▶本さつ42ページ

おぼえよう ①明るい ②つめたい ③かわいている

考えよう ④日なた ⑤日かげ ⑥日なた ⑦日光〔太陽の光〕

ポイント

日光が当たっているところを日なた，日光が当たっていないところを日かげといいます。
日光が当たっている日なたの地面は，明るく，あたたかくてかわいています。
日光が当たっていない日かげの地面は，暗く，つめたくて少ししめっています。

太陽とかげの動き 日なたと日かげ

▶▶▶本さつ43ページ

1 (1)日なた (2)日かげ (3)日なた (4)日なた (5)日なた

ポイント

(1)(2) 日なたは，明るくてあたたかいです。日かげは，暗くてつめたいです。
(3) 地面にまいた水は，日光が当たる日なたの方が早くかわきます。
(4) 日かげはもともとかげになっているところなので，そこにかげはできません。
(5) 日光は，当たっている物をあたためることができます。そのため，日なたは日かげよりもバケツの水の温度が高くなります。

太陽とかげの動き 日なたと日かげ

▶▶▶本さつ44ページ

1 (1)ア，エ (2)あ
(3)日なた，日光〔太陽の光〕

ポイント

(1) 地面の温度をはかるときは，地面を少しほってえきだめを入れ，上に土をかけます。また，温度計に直せつ日光が当たらないように，紙などで温度計をおおって，温度をはかります。
(2)(3) 日なたの地面は，日光であたためられているので，日かげよりも温度が高くなっています。

42 太陽とかげの動きのまとめ

▶▶▶本さつ45ページ

1 (1)ア (2)南 (3)ウ
(4)長くなっている。 (5)オ
(6)(れい)太陽が動いているから。

ポイント

(1) かげは，太陽の反対がわにできるので，太陽はアにあると考えられます。
(2) 問題文に，「正午に校しゃを見ると，」とあるので，正午の太陽がある方位を答えます。
(3) ウは日なた，エは日かげです。日光が当たっているウの方が，地面の温度が高くなっています。
(4) かげは，正午ごろにいちばん短くなるので，午後３時のかげは，図のかげよりも長くなります。
(5)(6) かげは，西から北を通って東へ動きます。アが南なので，オは東，カは西にあたります。午後５時にかげになっているのは，東のオです。このようにかげが動くのは，太陽が，東から南の空を通って西へ動くからです。

光と音のせいしつ 日光をはね返そう

▶▶▶本さつ46ページ

おぼえよう ①まっすぐ ②明る ③明る ④上が〔高くな〕

ポイント

かがみではね返した日光は，まっすぐに進みます。また，はね返した日光が当たった部分は，明るくてあたたかくなります。
かがみの数をふやして，はね返した日光を重ねると，重なった日光が多いところほど明るくてあたたかくなります。

光と音のせいしつ
日光をはね返そう

本さつ47ページ

1 (1)イ　(2)(れい)まっすぐに進む。
(3)②，④に○　(4)エ

ポイント

(1) 日光は，まわりよりも暗い日かげのかべにはね返します。アの日なたのかべやウの太陽の方にはね返しても，まわりが明るいので，どこにはね返ったかがわかりにくくなります。また，エの友だちのいるところには，ぜったいにはね返してはいけません。
(3) かがみではね返した日光が当たっているところは，まわりよりも明るくて，あたたかくなっています。
(4) はね返した日光は，使ったかがみと同じ形になります。

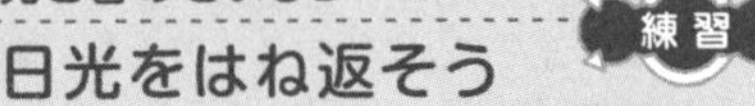

光と音のせいしつ
日光をはね返そう

本さつ48ページ

1 (1)ウ　(2)オ　(3)ウ　(4)ア(と)エ
(5)上

ポイント

まず，ア～オに，かがみではね返した日光がいくつ当たっているかを考えましょう。
ア…1つ　イ…2つ　ウ…3つ　エ…1つ
オ…0
(1)(3) 重なった日光の数が多いところほど，あたたかくて明るくなります。
(2) いちばんつめたく感じるのは，はね返した日光が当たっていないオです。
(4) 重なった日光の数が同じところは，明るさもあたたかさも同じになります。
(5) はね返した日光を動かしたい方にかがみをかたむければよいので，上にかがみをかたむけます。

光と音のせいしつ
日光を集めよう

本さつ49ページ

おぼえよう ①虫めがね　②小さ　③明る　④高

ことばのかくにん ⑤虫めがね

ポイント

日光は，虫めがねを使うと集めることができます。日光が集まっている部分は，虫めがねと紙を近づけていくとだんだん小さくなり，さらに近づけるとだんだん大きくなります。
日光が集まっている部分が小さいほど，その部分の明るさは明るく，温度は高くなります。

光と音のせいしつ
日光を集めよう

本さつ50ページ

1 (1)ア　(2)ア
(3)(れい)だんだん大きくなる。

2 イ

ポイント

1 (1)(2) 日光が集まっている部分が小さいほど，明るくて温度が高くなり，先に紙がこげはじめます。
(3) 虫めがねと紙を近づけると，日光が集まっている部分はだんだん小さくなり，いちばん小さくなってからさらに近づけると，こんどはだんだん大きくなります。

2 大きさの大きい虫めがねの方が，たくさんの日光を集められるので，先に紙がこげはじめます。

光と音のせいしつ
音のせいしつ

本さつ51ページ

おぼえよう ①ふるえて　②聞こえなく〔出なく〕
③大き　④大きく　⑤小さ　⑥小さく

考えよう ⑦ふるえて
⑧聞こえなく

ポイント

音を出している物は，ふるえています。大きな音が出ているときは，物のふるえは大きく，小さな音が出ているときは，物のふるえは小さくなります。物のふるえが止まると，音も出なくなります。
糸電話では，音を出している物のふるえが糸につたわり，糸がふるえることで，音をつたえます。糸のふるえを止めると，声は聞こえなくなります。

49 光と音のせいしつ 音のせいしつ

▶▶▶本さつ52ページ

1 (1)強くたたいたとき。
(2)強くたたいたとき。
(3)聞こえなくなる。〔出なくなる。〕

2 (1)糸　(2)聞こえない。

ポイント

1 (1)(2)たいこを強くたたくと，たいこの皮が大きくふるえるので，大きな音が出ます。
(3)たいこの皮をおさえると，たいこの皮のふるえが止まり，音が出なくなります。

2 (1)声を出すと，空気がふるえます。空気のふるえが糸電話の紙コップにつたわって，紙コップがふるえます。紙コップのふるえによって，糸がふるえ，相手の紙コップにつたわります。紙コップのふるえが空気につたわり，耳までとどいて音が聞こえます。

50 光と音のせいしつのまとめ

▶▶▶本さつ53ページ

1 (1)①　(2)小さ

2 ①○　②○　③×

ポイント

1 (1)かがみではね返した日光は，まと①には2つ，まと②には1つ当たっていて，まと③には当たっていません。重なる日光が多いほど，温度が高くなります。
(2)光が集まっている部分が小さいほど，明るくて温度が高くなり，紙が早くこげはじめます。

2 音を出している物はふるえていて，大きな音ほどふるえが大きくなります。
空気や鉄，水は音をつたえます。音をつたえる速さは，空気，水，鉄のじゅんに速くなります。

51 光と音のせいしつのまとめ いちばん明るいのは？

▶▶▶本さつ54ページ

勉強した日　月　日
51 光と音のせいしつのまとめ
いちばん明るいのは？
▶▶▶答えはべっさつ11ページ
かがみを使って，いろいろな記号に日光を当てました。
いちばん明るい記号のところをぬりましょう。
54

52 風やゴムで動かそう 風のはたらき

▶▶▶本さつ55ページ

おぼえよう ①風　②動く〔進む〕　③動かす

考えよう ④短い　⑤強い

ポイント

風には，物を動かすはたらきがあります。このはたらきは，風が強いほど大きくなります。
風で動く車は，風がないと動きませんが，強い風を当てると，長いきょりを動くようになります。

53 風やゴムで動かそう 風のはたらき

▶▶▶本さつ56ページ

1 (1)動か
(2)(れい)長くなる。　(3)①，②に○

ポイント

(2) 風の強さが「弱」のときは 3m20cm,「強」のときは 6m10cm 動いているので，風の強さが強いほど，車の動いたきょりは長くなっていることがわかります。

(3) ①風が当たらなければ，車は動きません。よって，正しいです。
②風の強さが「強」のときは 6m10cm 動いているので，風をさらに強くすると，車はもっと長いきょりを動くと考えられます。よって，正しいです。
③風を受けるところを小さくすると，車に当たる風が少なくなってしまうので，車の動くきょりは短くなります。よって，まちがいです。

54 風やゴムで動かそう ゴムのはたらき

▶▶▶本さつ57ページ

おぼえよう ①もどろう

考えよう ②長い　③大きい　④長く

ポイント

ゴムには，引っぱったりねじったりすると，もとにもどろうとする力がはたらきます。
この力を使って，物を動かすことができます。
ゴムが物を動かすはたらきは，ゴムを長くのばすほど大きくなります。
このため，ゴムで動く車は，ゴムを長くのばすほど，長いきょりを動くようになります。

55 風やゴムで動かそう ゴムのはたらき

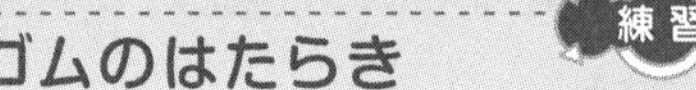

練習

▶▶▶本さつ58ページ

1 (1)もと，もどろう　(2)(れい)長くなる。
(3)②，③に○

ポイント

(2) ゴムをのばす長さが長いほど，車の動いたきょりは長くなっていることがわかります。

(3) ①ゴムをのばす長さを 10cm から 2 倍の 20cm にしたとき，車が動いたきょりは，1m20cm から 5m30cm にかわっているので，2 倍よりも長くなります。よって，まちがいです。
②ゴムを 20cm のばしたときは 5m30cm 動いているので，ゴムを 20cm よりも長くのばすと，もっと長いきょりを動くと考えられます。よって，正しいです。
③ゴムをのばさなければ，車は動きません。よって，正しいです。

56 風やゴムで動かそうのまとめ

▶▶▶本さつ59ページ

1 (1)①…ア　②…ア　(2)引っぱる〔のばす〕

2 ①△　②○　③○　④○　⑤△

ポイント

1 (1) ①風が物を動かすはたらきは，風が強いほど，大きくなります。
②ゴムが物を動かすはたらきは，ゴムを引っぱる長さが長いほど，大きくなります。
(2) ゴムの本数や太さをかえてゴムの力をくらべるときは，ゴムを引っぱる長さを同じにしてくらべます。

57 電気で明かりをつけよう 豆電球の明かり①

▶▶▶本さつ60ページ

おぼえよう ①豆電球　②どう線　③＋　④－
⑤かん電池　⑥回路　⑦つく　⑧つかない
⑨なっている

ことばのかくにん ⑩回路

ポイント

かん電池はでっぱりのある方が＋極，平らになっている方が－極です。豆電球の明かりをつけるには，かん電池の＋極⇒豆電球⇒かん電池の－極を，どう線でわのようにつなぎます。このような電気の通り道を回路といいます。
かん電池の＋極・－極いがいのところにつながっていたり，とちゅうが切れていたりすると，豆電球の明かりはつきません。

58 電気で明かりをつけよう 豆電球の明かり① 練習

▶▶▶本さつ61ページ

1 (1) ①…＋(極)　②…－(極)

(2)回路

2 ①×　②○　③×　④×　⑤×　⑥○

ポイント

1 (1)でっぱりのある方が＋極で，平らになっている方が－極です。

(2)図のように，1つのわになっている電気の通り道を回路といいます。

2 ①－極にどう線がつながっていません。

③＋極にどう線がついていません。

④2本のどう線がどちらも－極につながっていて，＋極につながっていません。

⑤＋極と－極のどちらにもどう線がつながっていません。

②⑥かん電池の＋極⇒豆電球⇒かん電池の－極　と，わのようにつながっています。

59 電気で明かりをつけよう 豆電球の明かり②

▶▶▶本さつ62ページ

おぼえよう ①フィラメント　②ソケット　③つかない　④－　⑤つく

ポイント

豆電球の中にある①の部分をフィラメントといいます。また，豆電球がはまっている②の部分をソケットといいます。

回路が正しくつながっていても，豆電球がソケットにしっかり入っていなかったり，フィラメントが切れていたりすると，豆電球の明かりはつきません。ソケットがなくても，電気の通り道が1つのわになっていれば，豆電球の明かりはつきます。このとき，豆電球の下と横にどう線がつくようにつなぐことがポイントです。

60 電気で明かりをつけよう 豆電球の明かり②

▶▶▶本さつ63ページ

1 (1)ア

(2)①×　②○　③○　④×　⑤○　⑥×

ポイント

(1)豆電球の中のフィラメントにつながる2本の線の先は，それぞれ豆電球の下と横についています。

(2)豆電球の中の線は，(1)のアのようにつながっているので，ソケットを使わないで明かりをつけるには，どう線を豆電球のねじの先と，ねじの横につなぎます。

①かん電池の－極にどう線がつながっていないので，つきません。

④かん電池の＋極にどう線がつながっていないので，つきません。

⑥豆電球のねじの横の部分にどう線がつながっていないので，つきません。

61 電気で明かりをつけよう 電気を通す物

▶▶▶本さつ64ページ

おぼえよう ①どう　②紙　③金ぞく　④金ぞく　⑤通す　⑥通さない

ことばのかくにん ⑦金ぞく

ポイント

10円玉はどう，ノートは紙でできています。

豆電球に明かりがついた物を見てみると，鉄，どう，アルミニウムでできています。これらはすべて，金ぞくです。

豆電球に明かりがつかなかった物を見てみると，プラスチック，紙，ガラスなど，金ぞくいがいの物でできています。

金ぞくは電気を通しますが，金ぞくいがいの物は電気を通しません。

鉄のかんの色をはがしたところは金ぞくなので，電気を通しますが，色がついているところにはとりょうという金ぞくいがいの物がぬられているので，電気を通しません。

62 電気で明かりをつけよう 電気を通す物

▶▶▶本さつ65ページ

1 (1)①×　②×　③×　④○　⑤×　⑥○　⑦×　⑧×　⑨○

(2)金ぞく

ポイント

(1) ⑧は鉄のまわりにとりょうがついています。⑨は鉄の部分が出ています。
電気を通すのは，鉄，どう，アルミニウムなどの金ぞくです。

63 電気で明かりをつけようのまとめ

▶▶▶本さつ66ページ

1 ①○　②×　③○

2 ①，②に○

ポイント

1 ①かた方のどう線が長くても，わのようにつながっているので，明かりはつきます。
②どう線が－極につながっていないので，明かりはつきません。
③アルミニウムはくは金ぞくなので，電気を通します。よって，明かりはつきます。

2 回路が１つのわでつながっていなければ，豆電球の明かりはつきません。豆電球には＋極，－極がないので，かん電池の向きはどちらでもかまいません。

64 電気で明かりをつけようのまとめ　出てくることばは何？

▶▶▶本さつ67ページ

65 じしゃくにつけよう　じしゃくにつく物

りかい

▶▶▶本さつ68ページ

おぼえよう ①×　②○　③×　④×　⑤○
⑥×　⑦×　⑧×

考えよう ⑨鉄　⑩つかない　⑪つかない
⑫はたらく　⑬はたらく

ポイント

じしゃくがつくのは，鉄の空きかんや鉄のくぎなど，鉄でできた物だけです。金ぞくでできた物すべてに電気は通りますが，じしゃくはどうやアルミニウムなどにはつかないことに気をつけましょう。
また，じしゃくの力は，じしゃくと鉄の間にじしゃくにつかない物があったり，じしゃくと鉄の間が少しはなれていてもはたらきます。

66 じしゃくにつけよう　じしゃくにつく物

練習

▶▶▶本さつ69ページ

1 ①×　②×　③×　④○　⑤×　⑥×　⑦×
⑧○　⑨×

2 (1)つく。　(2)つかない。

ポイント

1 じしゃくにつくのは，鉄でできている物だけです。①～⑨の中で，鉄でできているのは④と⑧です。

2 じしゃくの力は，じしゃくと鉄のクリップの間に，紙のようにじしゃくにつかないものがあってもはたらきます。ただし，あつい本のような物をはさんで，じしゃくと鉄のクリップの間のきょりが遠くなると，はたらかなくなります。

67 じしゃくにつけよう　じしゃくのせいしつ

りかい

▶▶▶本さつ70ページ

おぼえよう ①極　②しりぞけ　③引き
④北　⑤じしゃく

ことばのかくにん ⑥極

ポイント

じしゃくに鉄を近づけると，じしゃくの両はしは鉄を強く引きつけます。このような，鉄を強く引きつける部分を極といいます。極には，N 極と S 極があります。
2 本のじしゃくの，同じ極どうし(N 極と N 極，S 極と S 極)を近づけると，じしゃくはしりぞけ合います。また，ちがう極どうし(N 極と S 極)を近づけると，じしゃくは引き合います。
糸などでじしゃくをつるし，自由に動けるようにすると，じしゃくの N 極はいつも北，S 極は南をさして止まります。
じしゃくに鉄をつけると，その鉄もじしゃくになり，ほかの鉄を引きつけるようになります。

68 じしゃくにつけよう じしゃくのせいしつ 練習

▶▶▶本さつ71ページ

1 (1)イ　(2)極

2 ①…イ　②…ア　③…ア　④…イ

ポイント

1 じしゃくに鉄ぷん(鉄のこな)をふりかけると，イのようにじしゃくの両はしの極の部分に多くつきます。

2 ①②同じ極どうしを近づけると，じしゃくはしりぞけ合います。また，ちがう極どうしを近づけると，じしゃくは引き合います。
③④糸などでじしゃくをつるし，自由に動けるようにすると，じしゃくの N 極はいつも北をさして止まります。このとき，S 極は反対の南をさしています。

69 じしゃくにつけよう のまとめ

▶▶▶本さつ72ページ

1 (1)極　(2)引きつけられる。
(3)つかない。　(4)③，④に○

ポイント

(2)じしゃくについていた鉄のくぎも，じしゃくになっているので，鉄のゼムクリップを引きつけます。
(3)(4)じしゃくは鉄にだけつきます。

70 じしゃくにつけようのまとめ じしゃくで魚つり

▶▶▶本さつ73ページ

71 物の重さを調べよう 重さのはかり方

▶▶▶本さつ74ページ

おぼえよう ①平ら〔水平〕　②0　③真正面
④平ら〔水平〕　⑤0　⑥しいて〔のせて〕
⑦重い

ポイント

台ばかりや電子てんびんを使うと，物の重さを数字であらわすことができます。
台ばかりは，平らなところにおいて，はりが「0」をさしていることをかくにんします。「0」になっていないときは，ねじをまわして，はりが 0 をさすようにします。
電子てんびんの場合，紙をしいたり，入れ物に入れたりして重さをはかるときは，紙や入れ物をのせてから，「0g」にするボタンをおします。

物の重さを調べよう 重さのはかり方

▶▶▶本さつ75ページ

1 (1)ア

(2)①…300(g)　②…150(g)　③…40(g)

2 (1)平らなところ〔水平なところ〕

(2)(れい)水の重さに入れ物の重さがくわわっているため。

ポイント

1 (1)ななめになっているところなどで使うと，正しい重さがわかりません。
(2)1目もりが5gです。

2 (2)水の重さを正しくはかるには，まず入れ物だけをのせて，「0g」にするボタンをおした後，入れ物に水を入れて，ふたたび電子てんびんにのせます。

物の重さを調べよう 物の形と重さ

▶▶▶本さつ76ページ

おぼえよう ①100　②同じ〔かわらない〕

③100　④100　⑤同じ〔かわらない〕

考えよう ⑥同じ〔かわらない〕

ポイント

同じねん土の重さは，おき方をかえてもかわりません。また，同じねん土を形をかえたり，細かく分けたりしても，重さはかわりません。

物の重さを調べよう 物の形と重さ

▶▶▶本さつ77ページ

1 ①○　②×　③○　④×

2 同じ

ポイント

1 しゅるいが同じで，同じ大きさのねん土であれば，形をかえたりおき方をかえたりしても，重さは同じになります。

2 ア，イ，ウは，どれも同じ1まいのアルミニウムはくを使ったものなので，重さはすべて同じです。

物の重さを調べよう 物の体積と重さ

りかい

▶▶▶本さつ78ページ

おぼえよう ①ちがう

考えよう ②鉄　③ゴム　④木

ことばのかくにん ⑤体積

ポイント

同じ体積のしおとさとうでも，重さはちがいます。また，同じ体積のゴム，木，鉄でも，重さはちがいます。このように，体積は同じでも，物のしゅるいによって重さはかわります。

物の重さを調べよう 物の体積と重さ

▶▶▶本さつ79ページ

1 (1)体積　(2)同じ。(3)ちがう。

2 体積，ちがう，120

ポイント

1 (1)物のかさのことを体積といいます。
(2)同じ大きさの入れ物に入っているしおとさとうの体積は同じです。
(3)同じ体積でも，しおとさとうの重さはちがいます。

2 表には，同じ体積のときの重さがかかれています。ゴムは60g，木は15g，鉄は300gなので，体積が同じでも，物のしゅるいがちがうと重さはちがうことがわかります。
物の体積を2倍にすると，重さも2倍になります。

物の重さを調べよう のまとめ

▶▶▶本さつ80ページ

1 (1)イ　(2)87g　(3)①イ　②イ　③イ

ポイント

(1)電子てんびんは，平らなところにおいて使います。やわらかいぬのの上におくと，正しい重さをはかることができません。
(3)①や②のように形をかえたり，③のように細かく分けたりしても，物の重さはかわりません。